辽宁草原监测

陈 曦 主编

辽宁科学技术出版社

·沈阳·

本书编委会

主　　编　陈　曦

副 主 编　刘慧林

编委会成员（以姓名首字笔画为序）

前　言

　　辽宁省地处我国东北部农牧交错地区，是我国北方重要的草原区之一。据20世纪80年代农业普查结果表明，全省有天然草原5 083万亩，占国土总面积的23%，草原类型丰富，植被种类繁多。2008年，根据《辽宁省人民政府关于开展草原权属确定工作的指导意见》，全省依法开展草原权属确定和草原承包工作，全省共确权草原1 540.52万亩，占国土面积的6.97%；落实草原承包经营16万户，承包面积1 389.19万亩，约占已确权草原面积的90.18%；划定基本草原面积1 246.59万亩，占已确权草原面积的80.92%。

　　辽宁省草原资源大多分布在生态脆弱的辽西北地区。辽西北地区是欧亚草原带的东南端，分布有暖性灌草丛类、温性草原类和低地草甸类等草原类型。该地区具有暖性向温性草原类过渡的典型代表性，具有林区向草原区过渡的典型代表性，具有农区向牧区过渡的典型代表性。辽西北与科尔沁沙地镶嵌，地处典型的夏季风影响过渡带，区域内包含努鲁尔虎山脉水土流失中高度敏感区、科尔沁沙地沙漠化高度敏感区、西辽河流域盐渍化中高度敏感区。该地区蒸发量是降水量的3～4倍，在蒸发量较大区域，只有草原植被才能生存，草原植被在这里发挥着重要的、不可替代的生态服务功能，有助于提高经济效益和社会效益。

　　由于长期受传统农耕经济思维影响，限制了人们对草原生态和生产功能的认识，导致长期以来，国家及地方草原行政部门，以及科研和技术推广机构的设置和队伍建设十分薄弱，对草原资源的监管和建设不到位，对草原的生态保护、生产建设投入十分有限。在生产实践中，人们违背自然规律，大量破坏草原，垦草乱种滥植，毁草开矿修路，致使草原资源由20世纪80年代的5 083万亩，减少到确权草原的1 540.52万亩，并且在"国土二调""国土三调"中仍在大幅度减少。

　　无论是从历史资料中查证，还是从植被演替规律上论证，辽西北地区自然本底植被（即顶极群落）就是草原，草原资源的减少，势必会给生态环境带来严重影响。从20世纪80年代以来，辽宁省草原面积减少了近70%，辽西北地区地下水位下降了几米至几十米，期间土地沙化退化严重，扬尘、沙尘暴等时有发生，特别是干旱、高温、暴雪、暴雨等极端天气出现的频次增多。目前现存数量不多的草原，正在勉强维护该地区的生态安全。如果草原资源再继续减少，对辽西北地区生态环境的影响是不可估量的。为此，保护辽宁省草原资源不再减少，已成为维护辽西北及全省，乃至京津冀地区生态安全，为东北全面振兴提供环境条件，推进区域生态文明建设的重要任务。

党的十八大把生态文明建设纳入"五位一体"总体布局，提升到前所未有的新高度。党的十九大提出山水林田湖草系统治理。草原是我国生态文明建设的主战场，也是辽宁省西北部半干旱地区重要生态屏障。保护草原资源，修复草原生态是贯彻落实习近平生态文明思想的客观要求和具体举措。在保护草原资源的诸多措施中，草原监测是其中最基础的工作。通过监测盖度、高度、产量、优势种等变化，以及有害生物危害程度，掌握草原生产力水平、生态情形、健康状况等重要的生产、生态指标，一方面为退化草原实施精准修复提供数据依据，另一方面为当前草原保护措施、利用方式、工程项目发挥的效果提供准确的评估分析。所以说，草原监测是评估生态环境、衡量生态功能及草原生产状况的"度量尺"，对指导草原生态修复恢复、草原资源保护建设、草原畜牧业生产、草原生态文明建设具有极其重要的意义。特别是国家已把"草原综合植被盖度"作为重要指标，纳入针对省级党政一把手的"绿色发展指标体系"和"生态文明建设考核目标体系"之中，明确了草原资源对生态文明建设的重大意义。

自2005年起，辽宁省按照国家草原行政部门部署，开始实施草原监测工作。全省布设110～120个监测样地，330～360个监测样方，每年春季4—5月开展草原返青期现地调查。每年6—9月开展草原生长盛期植被长势现地调查，每年出具一份全省草原年度监测报告。2009年，增加了辽西北草原沙化治理工程成效监测内容，2012年，又增加了国家牧区草原生态补奖政策成效监测。截至2020年，辽宁省自筹资金建设了24个国家级草原固定监测点。2019年，辽宁省申报的"辽宁西北部草原生态系统国家定位观测研究站"获得批复，目前正在建设中。随着监测内容不断丰富，监测基础设施不断完善，我们有信心期待辽宁草原监测工作会跃上新的台阶，发挥越来越重要的作用。

因能力水平有限，书中难免有许多不足之处，敬请指正。

目　录

第一章　辽宁省草原资源 ……………………………………………… 1

第一节　草原的战略地位与功能 …………………………………… 1

一、草原植被的概念 ………………………………………… 1

二、草原生态系统的战略意义 ……………………………… 2

三、草原多种生态服务功能 ………………………………… 3

四、草原监测主要任务 ……………………………………… 6

第二节　草原资源概述 ……………………………………………… 7

一、辽宁自然地理概况 ……………………………………… 7

二、辽宁草地资源调查历史数据 …………………………… 9

三、草原资源与生态监测 …………………………………… 11

四、草原清查 ………………………………………………… 13

第三节　草原保护建设 ……………………………………………… 28

一、草原管理体系建设 ……………………………………… 28

二、草原法制体系建设 ……………………………………… 28

三、草原确权与承包 ………………………………………… 29

四、基本草原划定管理 ……………………………………… 30

五、草原防灾减灾 …………………………………………… 31

六、问题与建议 ……………………………………………… 33

第二章　草原监测的意义与作用 …………………………………… 35

第一节　草原监测的意义 …………………………………………… 35

一、草原监测的目的及意义 ………………………………… 35

二、草原监测工作的开展 …………………………………… 36

第二节　草原监测的作用 …………………………………… 38

　　一、草原监测在管理决策中的作用 ……………………… 38

　　二、草原监测工作的发展 ………………………………… 42

第三章　草原监测理论与技术 …………………………… 45

第一节　草原监测理论 …………………………………… 45

　　一、景观生态学理论 ……………………………………… 45

　　二、统计学理论 …………………………………………… 48

　　三、抽样理论 ……………………………………………… 49

第二节　草原监测工作的组织开展 ……………………… 52

　　一、体系建设 ……………………………………………… 52

　　二、草原监测机制逐步成型 ……………………………… 54

　　三、草地资源调查相关工作 ……………………………… 54

　　四、准备工作 ……………………………………………… 56

第三节　草原监测技术 …………………………………… 57

　　一、草原监测技术路线 …………………………………… 57

　　二、草原监测技术流程 …………………………………… 57

　　三、样地及样方的选择与布设 …………………………… 61

　　四、监测技术标准与信息化 ……………………………… 63

第四节　草原监测实践 …………………………………… 65

　　一、草原物候期监测 ……………………………………… 65

　　二、草原植被长势监测 …………………………………… 70

　　三、草原生产力监测 ……………………………………… 73

　　四、草原工程效益监测 …………………………………… 81

　　五、草原灾害监测 ………………………………………… 94

第五节　不同尺度下监测的内容及技术 ……………… 103

　　一、实时或准实时监测 ………………………………… 103

　　二、周期监测 …………………………………………… 105

第六节　固定监测点监测 ……………………………… 107

　　一、目标和意义 ………………………………………… 107

　　二、建设规范 ·· 107

　　三、监测规范（物候期调查） ·················· 112

　　四、信息的采集处理 ·································· 116

　　五、科学实验 ·· 117

第四章　草原监测成果分析 ··································· 119

第一节　草原生产力与草原利用 ·················· 119

　　一、草原生产力处于较高水平 ·················· 119

　　二、天然草原利用更趋合理 ······················ 124

第二节　草原综合植被盖度 ·························· 125

　　一、各监测区草原植被盖度 ······················ 125

　　二、全省草原综合植被盖度 ······················ 126

　　三、全省草原综合植被盖度年际动态 ·········· 127

第三节　草原生态 ···································· 128

　　一、草原生态加剧恶化的势头初步得到遏制 ······ 128

　　二、草原生态明显改善 ···························· 129

第四节　草原监测应用 ······························ 130

　　一、政府自然资产负债及审计 ·················· 130

　　二、生态建设辅助及成效评价 ·················· 131

参考文献 ··· 132

附录 ··· 133

　　附录1　辽宁省草原监测报告 ·················· 133

　　附录2　辽宁省草原生态服务功能评估报告 ········ 160

　　附录3　全国草原综合植被盖度监测技术规程（试行） ···· 164

　　附录4　国家级草原固定监测点监测工作业务手册 ········ 168

　　附录5　草原植被长势监测评价方法（试行） ·········· 176

　　附录6　草原生态系统服务功能评估规范（DB21/T 3395—2021）··· 179

第一章 辽宁省草原资源

第一节 草原的战略地位与功能

一、草原植被的概念

草原是内陆半干旱到半湿润气候条件下所特有的一种自然生态系统类型，以多年生旱生草本植物为主要组成成分，多年生杂草及灌木也起重要作用。以针茅属为代表的寒温型和中温型草原主要分布于温带，以扭黄茅属为代表的高温型植物和高温耐旱的灌木，以及高温耐旱的乔木组成的稀树草原主要分布于热带。

世界草原总面积约2 400万km²，约为陆地面积的1/6（中国大百科全书，1991）。联合国粮农组织（FAO）出版的《世界草原》（CMSuttie et al., 2011）认为，广义上讲，草原是世界上最大的生态系统，面积约有5 250万km²，占陆地面积的40.5%，其中稀树草原占13.8%，灌丛草原占12.7%，无树草原占8.5%，苔原占5.7%，这比传统认为的草原面积大了很多。

我国是草原大国，拥有草原约400万km²，草原占全国陆地面积的40%以上。我国地域辽阔，地形复杂，气候条件多样，南北跨越了寒温带、中温带、暖温带、亚热带和热带等5个热量气候类型带，东西从东南沿海到西部内陆降水量从2 000mm减少到50mm以下，包括湿润区、半湿润区、半干旱区和干旱区等气候类型。由于我国地域广，地形复杂，水热组合类型异常丰富，因而也形成了复杂多样和丰富多彩的植被类型，包括热带雨林、亚热带常绿林、温带落叶林、寒温带针叶林，以及森林、疏林草原、草甸草原、干草原、荒漠草原、荒漠、高寒荒漠、高寒草原等各种植被类型。

草原是一种地带性的生态系统类型，草原在地球表面有固定的位置，水热的组合状况是决定草原空间分布的决定因素，如在寒温带，年降水量150~200mm地区有大面积草原出现，而在热带，稀树草原主要分布区的年降水量为800~1 200mm，地带性草原通常位于湿润的森林和干旱的荒漠之间。在靠近森林的一侧，降水相对丰沛，气候一般为半湿润，草木茂盛，种类多样，常有乔木或灌丛出现，如疏林草原或草甸。在靠近荒漠的一侧，降水缺乏，气候一般为干旱到半干旱，草木低矮稀疏，种类组成简单，常混生有耐旱的小半灌木或肉质植物。在两者之间是广阔的典型草原，降水状况较好，气候一般为半干旱，针茅属植物在草本植物组成中占有较大比例。

草原生态系统是我国最大的陆地生态系统类型，草原面积约占国土面积的41.7%，草原资源不仅是我国重要的战略资源，也是我国重要的生态屏障和畜牧业生产的基础。由于人口增加和人类活动强度加大等因素的影响，我国草原总体上出现了明显的退化、沙化等现象，草原生物量、生物多样性显著下降，草原资源的持续利用呈现出恶化的趋势。

二、草原生态系统的战略意义

草原是集生态、经济、社会、文化功能于一体的战略资源。草原生态系统的战略意义和重要性主要包括以下5个方面。

（一）草原为发展绿色产业提供了物质基础

草原是人类三大食物来源之一。我国的草原生产了全国19.5%的牛肉、35.1%的羊肉和13%的牛奶，在食物安全中发挥着举足轻重的作用。草原畜牧业是牧区经济发展的基础产业，是牧民收入的主要来源，是畜牧业的重要组成部分。因此，草原对发展草食家畜，生产畜产品，提高和改善人们的物质生活，缓解人口增长压力与食物生产安全起到了积极的作用。

（二）草原是生态安全的屏障

草原生态安全是我国生态环境的整体安全的重要屏障，草原区域主要分布于半干旱区域，位于人口密集的西北部干旱区之间，是重要的生态屏障。草原植物具有防风固沙、保持水土、改善大气质量等功能。西北部干旱荒漠区和荒漠草原区植被疏矮、地表疏松是沙尘暴发生的重要源地，产生的沙尘暴经过草原区的阻拦，进入东部时通常会大大减弱。

（三）草原生态系统是生物多样性的重要基因库

我国草原区分布广、类型复杂，有全球海拔分布最高、气候高寒的青藏高原，也有气候极端干旱的阿拉善戈壁，特有的和复杂的生态环境，造就了我国草原是生态系统多样性、物种多样性和遗传多样性最为丰富和特别的国家之一，动植物的物种和基因多样性极其丰富，拥有大量的特有种。

（四）草原区是少数民族集中居住的地区

草原资源是我国牧区和少数民族地区人民重要的生产资料，是人民赖以生存和发展的物质基础。草食家畜和畜产品是当地人的重要生活资料，也是当地人经营的主要对象，同时，草原植物是放牧的重要饲料来源。

（五）草原文化载体

草原文化是中华文化的重要组成部分。我国草原文化不但分布有许多早期人类活动的遗迹，如大窑文化、萨拉乌苏文化、扎赉诺尔文化等，而且拥有很多可以印证中华文明起源的文化遗存，如兴隆洼文化、赵宝沟文化、红山文化等。草原文化是我国生态文明建设的重要组成部分，是民族文化产业的物质母体，是繁荣发展民族文化产业的基石，是草原民族深刻的历史记忆，是草原民族知识和智慧的结晶。因此，草原具有草原文化载体的重要功能，是草原文化沉淀、升华、发扬壮大的物质载体，草原的荣衰也决定了草原文化的兴亡。所以，加强草原生态文明建设，也是实现草原文化载体功能的战略保证。

三、草原多种生态服务功能

草原的生态功能是全球性的，它占据着地球上森林与荒漠、冰原之间的广阔中间地带，覆盖着地球上许多不能生长森林或不宜垦植为农田的生态环境较恶劣的地区，从沙漠戈壁，到极地冰雪边缘广阔的冻原地带，从山地森林上限与高山冰雪带之间，以及寒冷荒芜的地球大高原等。草地生态系统对于环境具有重要的调节作用，其中主要包括气候调节、土壤碳固定、水资源调节、侵蚀控制、空气质量调节、废弃物降解、营养物质循环等服务功能。草原在地球的生态环境与生物多样性保护方面具有极其重大和不可代替的作用，往往是其他生态系统所不及的。

（一）水土保持

草原生态系统在保持水土方面具有显著作用。草原植物根系发达，根部一般是地上的几倍乃至几十倍，它能深深地植入土壤中，牢牢地将土壤固定。研究表明，能有效削减雨滴对土壤的冲击破坏作用；促进降雨入渗，阻挡和减少径流的产生；根系对土体有良好的穿插、缠绕、网络、固结作用，防止土壤冲刷；增加土壤有机质，改良土壤的结构，提高草原抗蚀能力。根据有关资料，在大雨状态下草原可减少泥土冲刷量75%～78%。

（二）涵养水源

草原生态系统具有较高的透水性和保水能力，完好的天然草原不仅具有截留降水的功能，而且比空旷裸地有较高的渗透性和保水能力，可减少地表径流量，增加贮水量。在同等气候条件下，草耐极干、极湿，草地因其根系细密且主要分布于土壤表层，比裸露地和森林具有更高的渗透率，其涵养土壤水分、防止水土流失的能力明显高于灌丛和森林，是森林的0.5～3倍，是农田的40～100倍。据测定，相同的气候条件下草地土壤含水量较裸地高出90%以上，2017年，辽宁省草地生态系统涵养水源价值量为2.66亿元，相当于全省水利、环境和公共设施投资的59.15%。

（三）净化环境

草原对大气候和局部气候都具有调节功能。草原通过对温度、降水的影响，缓冲极端气候对环境和人类的不利影响。草地生态系统一方面可以滞纳空气中的二氧化硫、粉尘等污染物，一方面可以降解牲畜粪便，利用其中的N、P、K元素并起到净化环境的作用。研究表明，每平方米良好的草坪，每小时可吸收CO_2 1.5g，也就是说，每25m^2的草坪就可吸收掉一个人呼出的CO_2。草原生态系统还具有减缓噪声、释放负氧离子、吸附粉尘、去除空气中的污染物的作用，因此还是一个良好的"大气过滤器"。草原能吸收、固定大气中的某些有害、有毒气体。据研究，很多草类植物能把氨、硫化氢合成为蛋白质；能把有毒的硝酸盐氧化成有用的盐类。如多年生黑麦草和狼尾草就具有抗SO_2污染的能力；许多草坪草能吸收空气中的NH_4、H_2S、SO_2、HF、CO_2和某些重金属气体，如汞蒸气、铅蒸气等有害气体，从而起到改善环境、净化空气的作用。据相关报道，2017年，辽宁省草地生态系统净化大气环境和废弃物降解功能价值量为17.74亿元，相当于全省工业污染治理投资的1.46倍。

（四）固碳释氧

草地生态系统调节大气主要表现在吸收大气中的CO_2，同时向大气释放O_2，这对保持大气中CO_2和O_2的动态平衡、维持人类生存的最基本条件起着至关重要的作用。固碳释氧过程中，土壤固定有机质中的碳元素尤为重要。其中94%储存在土壤中，平均25m^2的草地可对一个人呼出的CO_2进行碳中和。综合各方面研究成果，我国草原总碳储量300亿～400亿吨，是仅次于森林的第二大陆地生态系统碳汇，在碳达峰、碳中和中发挥重要的作用。2017年，辽宁省草地生态系统固碳释氧价值量为101.78亿元，相当于沈阳市第二产业产值的4.67%。草地生态系统通过植物固碳、土壤碳累积，有效地缓解全球气候变化。

（五）营养循环

草原植被在土壤表层可形成大量的有机物质，这些有机质可改善土壤的理化性状，形成土壤团粒结构。在盐碱地种草，能降低这些土地的土壤盐渍化程度，增加土壤中营养元素的含有量。据测定，1hm²苜蓿3年可固氮210~270kg，相当于硝铵化肥675~825kg。

（六）生物多样性

草原生物多样性主要是指生存于草原的生物以及生物、环境组成的群落与系统的多样性和变异性。草原生物多样性包含了3个层次。一是草原类型、群落结构和功能的多样性。二是草原物种的多样性，包括草原动物、植物和微生物的多样性。三是草原生物的遗传多样性，包括种内不同种群之间或同一种群内不同个体的遗传变异性，这是种群适应不断变化的环境的方式。

草原面积大、分布广，类型多样而独特，在不同气候环境与人类活动作用下，形成众多草原类型，这体现了资源的独特性。草原生物多样性与草原民族多样性、文化多样性相辅相成、相互交织，形成了丰富多彩的草原文化。这也是草原生物多样性的独特之处。

从全国范围来看，多样的草原类型，自然繁育了多样的草原生物。草原拥有2 000余种草原动物、15 000余种草类植物。仅产于中国的特有植物种有沙打旺等近500种。这些草类植物具有多种经济价值，可饲用、食用、境用、药用、工用等。草类遗传资源是草原生物多样性的必要保证，是筛选、培育生态草、牧草、草坪草和观赏草的基本材料，是作物抗性育种的优异基因来源。

（七）游憩休闲

草原视野开阔，宁静悠远，空气清新，芳草茵茵；草原上的数以千计的植物和动物物种以及游牧民族的传统文化和风土人情具有鲜明的生态旅游特色，已成为生态旅游的理想目的地，为人类提供了旅游休闲、文化娱乐等非实物型生态服务。

综上所述，草原生态系统在为人类提供大量社会经济发展中所需要的畜牧产品、动植物资源的同时，还具有特殊的生态环境意义，尤其是干旱、高寒和其他生境恶劣地区起到关键性作用，对社会、经济、生态及人类社会的可持续发展具有重要而积极的作用。

四、草原监测主要任务

草原监测是有计划地、定期地对草原资源数据进行收集、分析和解释，并结合管理目标进行评价的过程（任继周，2008）。草原监测有地面监测和遥感监测等，地面监测是对地面的草原植被、土壤等进行有计划的测定，获取数据，对草原的变化和状况进行分析和评价，目的是了解草原的状况，为草原的利用、保护和管理服务。

（一）获取草原信息，为有效保护草原资源和生态环境提供支撑

草原是具有多种功能的自然资源，在国民经济和我国生态安全中具有重要的地位和作用，草原是我国干旱、半干旱和高寒地区最主要的植被生态系统。开展草原遥感监测，可准确而全方位地掌握我国草原生态、资源等状况，特别是通过时间序列的分析，可以掌握草原资源和生态的动态过程和变化趋势，可以从实际出发制订草原保护和利用的政策和措施，使我国的草原植被和资源状况得到改善。

（二）《中华人民共和国草原法》和国务院有关文件精神赋予重要职责

《中华人民共和国草原法》（以下简称《草原法》）明确提出"国家建立草原生产、生态监测预警系统"。党中央、国务院高度重视草原生态保护工作，在国务院机构改革中组建了国家林业和草原局，强化了草原生态保护修复，充分体现了统筹山水林田湖草系统治理的战略意图。2021年3月，国务院办公厅印发了《关于加强草原保护修复的若干意见》，明确以完善草原保护修复制度、推进草原治理体系和治理能力现代化为主线，加强草原保护管理，推进草原生态修复，促进草原合理利用，改善草原生态状况，推动草原地区绿色发展，为推进生态文明建设和建设美丽中国奠定重要基础。

草原生态监测是草原保护的基础。地方各级农牧业行政主管部门要抓紧建立和完善草原生态监测预警体系，我国的《草原法》等法规性文件明确提出草原生态监测是草原保护的基础，各级主管部门要抓紧建立和完善草原生态监测预警体系，草原宏观监测和预警工作需要遥感技术引入，遥感技术具有客观、宏观、省时、省力等特点，是进行草原生态监测和预警的首选技术。实践证明，草原遥感监测在贯彻《草原法》和国务院有关文件精神，进行草原生产、生态监测和预警中发挥了重要的作用。

（三）农牧区草原生产发展和生态保护的需要

我国牧区和半牧区县（市、旗）有268个，草原总面积约占全国草原总面积的67%。草原是牧区、半农半牧区农牧民的重要生产资料，草地畜牧业是农牧民收入的重要来源，保持草原资源合理利用和草原生态系统的安全与当地农牧民生产和生活密切相关。草原监测可以及时监测草原返青和草原长势，以及草原的植物性生产力，这些信息是进行草原放牧、饲草生产和过冬饲草准备的主要决策依据，是科学安排生产的重要支撑。草原遥感监测可以及时监测草畜平衡、草原退化和草原沙化，以及草原雪灾和火灾等，这些信息是草原保护的基础性信息，是科学保护草原的信息保障。

（四）有效实施草原保护建设工程的需要

近些年来，国家对草原保护与建设的投入大幅度增加，先后启动了天然草原植被恢复与建设，草原围栏、退牧还草工程、京津风沙源建设工程、草原生态保护补助奖励机制政策等草原保护建设项目，这些项目实施后效果如何，宏观上发生了什么变化是项目实施单位亟须掌握的信息。这些信息通过遥感技术可以方便获取，草原遥感监测可以快速获取项目区内外草原植被的长势、生物量、覆盖度等植被生态信息，这些信息是揭示草原工程生态效果的基础信息。

保护和利用好草原具有重要的意义，准确掌握草原的状况，是进行草原利用和保护的基础，要想掌握草原的情况，应对草原进行监测，并及时了解草原的现实状况和变化情况。要强化草原监测工作，推进新时期草原资源普查工作。建立健全全国草原资源与生态监测网络体系，组织开展对草原面积、质量、长势、生产力、灾情等方面的监测，掌握草原资源和生态环境状况及动态变化情况，研究草原退化、沙化、盐渍化、石漠化变化发展规律，为有效开展草原生态环境治理提供数据和技术基础。逐步建立一批国家级草原定位监测站，持续开展草原定位观测和资料数据收集工作。积极推进新时期的草原资源普查工作。

第二节　草原资源概述

一、辽宁自然地理概况

辽宁省地处我国东部森林区和西部草原区的交错带上，草原带和森林带大致从昌图西部起向西南经康平县中部—彰武县北部—阜蒙县北部—北票市中部—

朝阳县西北部—建平县西北部—喀左县西北部一线。此线以南为森林地带，包括冀北山地、松岭山脉、医巫闾山脉以及辽宁东部山地和辽东半岛地区，分布着温带森林植被群落。此线以北为东部森林向西部草原的过渡带，气候逐渐干旱化，旱生草本植物增多，形成既有森林又有草原的被称为森林草原带的植被景观。

辽宁省地貌可粗略分为东部山地丘陵区、西部山地丘陵区及中部平原区三大区域；温度带可分为温带与暖温带；水分状况可分为湿润、半湿润和半干旱3个区域，上述因素的组合，造成土地资源明显的地域性差异。综合自然分区一般可分为东部温带湿润低山区、北部温带半湿润丘陵岗台区、西北部温带半干旱低山岗台平地区、辽西暖温带半湿润低山丘陵区、中南部暖温带半湿润平地区和辽东半岛暖温带半湿润丘陵区等6个区域，每个区的土地利用方向都有明显差异。

辽宁省山地占总土地面积的59.5%，平地占32.7%，水域占7.8%。根据地貌、土壤和植被差异，辽宁省土地可分为平地、沟谷地、岗台地、丘陵地、低山地、风沙地和滩涂地等类型。平地主要分布于辽宁中部辽河冲积平原、平原两侧的倾斜平原、沿海倾斜平原、北部的波状起伏平原以及丘陵周围的坡积、洪积坡平地。平地是辽宁省最重要的农业用地及主要城市所在地。沟谷地包括辽北丘间宽谷及山地丘陵间的谷地，也是辽宁主要农业用地所在。岗台地分布于北部昌图一带，适宜耕作。上述3种土地，是辽宁省粮食、棉花、油料及蔬菜等农产品主要产地。辽宁北部的丘陵地适于干果类发展，也适于植树种草，发展畜牧业；辽东、辽西和辽东半岛的丘陵地则适于果树和蚕业发展，是辽宁省以及全国重要的水果及柞蚕丝生产基地。低山地和中山地，多适于林业及畜牧业发展，同时蕴藏着丰富的野生动植物资源，具有广阔的开发前景。风沙地多分布于辽宁省西北部，不适耕作，可发展林业、牧业生产。沿海滩涂利于水产养殖，也是芦苇及盐田所在。

辽宁省草地处于欧亚草原带的最东端，纵跨两个纬度，横跨5个半经度，东南环森林带，西北与内蒙古东部典型草原区相连，主要分布在东西两部。明清时期，辽宁西部草原广阔。据《奉天通志》记载："奉有漠野广阔……水草丰茂，古称游牧最善之地。"据《中国地理志》记载："朝阳市在200年前还是一个生物资源极其丰富、野生动物种类繁多、黄羊遍地、生态系统状态稳定的地带。"松岭山脉的大黑山元朝时称布祜图山，因山上森林茂密远望呈黑色，民国时期更名为"大黑山"。清代三大皇家牧场之一的大凌河马场横跨今葫芦岛、锦州、盘锦、鞍山4市，土地肥沃、水草丰盛。据《辽志》记载："在明代，山以医巫闾山为灵秀之最，而千山次之，最东侧为东山，盘亘七八百里，林木、铁冶、羽毛、皮革之利不可胜穷。"说明医巫闾山的植被比千山还茂盛。自从清政府解除东北禁封令后,掀起关内贫民闯关东的高潮。人口剧增带来的农垦活动使辽宁省的原始森林植被不断遭到破坏,面积急剧下降,最终结果是辽西低山丘陵和辽东半岛原始森林大多被大面积的次生灌丛所代替,形成了目前的草地资源分布格局。近代,由于轮荒和滥牧,原始草地植被几乎破坏殆尽,现存的天然草地植被,是经过多次利用而处于不同演替阶段的次生植被。大面积的连片天然草地日趋减少,草地资源已临濒危边缘。

二、辽宁草地资源调查历史数据

(一)农业自然资源调查与农业区划

党的十一届三中全会以后,1979年国家下达了"农业自然资源调查与农业区划"的任务。依据《中国北方草场资源调查大纲》并参照《中国南方草场资源调查方法导论及技术规程》,进行了辽宁省的草地调查工作。经过5年的努力,查清了草地面积、类型,评定了草地等级和载畜量,编写了《辽宁省草地资源调查报告》和《辽宁省草地资源资料汇编》,绘制了《辽宁省草地资源图》。

调查结果表明,全省农田、林地、草原相间分布特点明显。全省共有草地面积50 832 723亩,其中可利用面积48 589 393亩,在草地总面积中,牧业专用草地面积为32 964 135亩,占全省土地总面积的15.06%,兼用面积17 868 588亩,占土地总面积的8.16%。草地饲用植物近千种,野生优良牧草320余种,其中豆科牧草120余种,禾本科100余种。全省草地理论载畜量为2 026 553个牛单位,潜力头数为729 836个牛单位,草地载畜能力为24亩/牛单位。

辽宁省草地共划分为九类,34个组,129个型,它们分别是,Ⅰ温性草甸草原类(包括3个组,9个型)、Ⅱ温性草原类(包括3个组,17个型)、Ⅲ暖性草原类(包括2个亚类,5个组,18个型)、Ⅳ暖性灌草丛类(包括2个亚类,9个组,27个型)、Ⅴ稀树灌草丛类(包括3个组,12个型)、Ⅵ低平地草甸类(包括2个亚类,7个组,28个型)、Ⅶ山地草甸类(包括2个组,13个型)、Ⅷ沼泽类(包括2个组,5个型)、Ⅸ零星草地。

辽宁省草地分布,以朝阳市、丹东市、锦州市、葫芦岛市为最多,大连市、铁岭市、阜新市、本溪市、抚顺市次之,沈阳市、鞍山市、营口市、盘锦市、辽阳市最少,分别为7 199.8km²、7 005.2km²、4 894.3、2 643.1km²、2 595.7km²、2 589.22km²、2 233.9km²、421.2km²、1 311.1km²、786.2km²、707.7km²、692.6km²、546.8km²、495.5km²。

辽宁省的草地规模小且分散，全省共有299 765片天然草地，其中，0.07km^{2}以下的草地258 894片，占草地总片数的86.4%；0.07~0.7km^{2}的草地36 915片，占12.3%；0.7~3.3km^{2}的草地3 680片，占1.2%；3.3~6.7km^{2}的草地212片，占0.1%；6.7km^{2}以上的连片草地只有64片，占0.02%，分布在锦州市31片、阜新市13片、朝阳市9片、铁岭市9片、盘锦市2片。

依据《中国草场资源评价原则及标准》，全省可利用草地"等、级"构成是，Ⅰ等草地面积3 744.8km^2，占全省可利用草地面积的11.6%；Ⅱ等草地面积7 010.5km^2，占全省可利用草地面积的22.6%；Ⅲ等草地面积12 055.1km^2，占全省可利用草地面积的37.2%；Ⅳ等草地面积5 073.1km^2，占全省可利用草地面积的15.7%；Ⅴ等草地面积4 509.4km^2，占全省可利用草地面积的12.9%。1级草地面积1 388.4km^2，占全省可利用草地面积的4.3%；2级草地面积2 097.3km^2，占全省可利用草地面积的6.5%；3级草地面积2 804.0km^2，占全省可利用草地面积的8.7%；4级草地面积7 760.9km^2，占全省可利用草地面积的24.0%；5级草地面积6 030.5km^2，占全省可利用草地面积的18.6%；6级草地面积8 287.8km^2，占全省可利用草地面积的25.6%；7级草地面积2 100.8km^2，占全省可利用草地面积的6.5%；8级草地面积1 923.2km^2，占全省可利用草地面积的5.8%。

载畜能力是以1头200kg体重的黄牛全年放牧需要的草场面积作为1个草地载畜量单位。据测定，平均每头黄牛日采食鲜草22.5kg，1年放牧7个月，共采食鲜草4 792.5kg，约需草场面积0.016km^2。1984年，辽宁省草场理论载畜量为202.7万个牛单位，理论载畜量与实际载畜量之差为36.3万个牛单位。辽宁省草地的载畜量仍有潜力，但载畜能力很不平衡，东部山区潜力较大，西部朝阳、阜新地区已分别超载36.7%和23.5%。

（二）草原权属确定和基本草原划定

辽宁省人民政府于2008年全面启动了草原权属确定工作，根据《辽宁省人民政府关于草原权属确定工作的指导意见》（辽政发〔2008〕23号）精神，到2013年，历时5年，现场完成GPS人工勘测草原地块18 551个，累计确权面积1 521.5万亩。通过明晰草原权属，确定草原四至方位、掌握草原生产状况，从根本上解决了草原无主、方位不明、管理无序、破坏无罪的现实问题，为科学制订草原生产发展及保护建设规划，依法推进草原监理执法奠定了坚实的基础。

全省将80%以上的确权草原划定为基本草原，还对90%以上的确权草原落实了承包经营，县政府核发了《草原使用权证》和《草原承包经营权证》，到2013年底，全省累计承包草原面积1 486.1万亩（表1-1）。

表1-1　辽宁省草原权属确定情况统计

市	县（市、区）	确权总面积（亩）	地块数	基本草原面积（亩）	地块数
阜新	阜蒙	2 174 692	693	1 775 839	443
	彰武	1 133 103	1 801	957 000	1 713
	小计	3 307 794	2 494	2 732 839	2 156
朝阳	北票	1 837 923	1 766	1 579 924	1 439
	朝阳	1 389 129	643	1 360 798	614
	凌源	1 200 497	1 030	1 093 600	910
	喀左	1 200 326	960	960 018	752
	建平	1 057 634	1 592	971 500	1 308
	双塔	105 045	60	83 755	36
	小计	6 836 140	6 051	6 049 595	5 059
锦州	义县	1 284 738	884	1 024 761	277
	凌海	501 217	779	412 000	586
	小计	2 157 981	1 663	1 436 761	863
葫芦岛	建昌	1 112 018	1 877	897 530	877
	兴城	276 702	483	274 982	472
	连山	265 491	502	219 965	341
	绥中	279 163	253	263 249	227
	小计	1 654 211	985	1 392 477	813
鞍山	岫岩	188 550	1 531	188 550	1 531
营口	盖州	152 565	214	106 677	152
	大石桥	62 595	80	0	0
	小计	215 160	294	106 677	152
丹东	宽甸	272 084	865	255 877	808
	凤城	291 809.8	1 440	0	0
	小计	567 994	2 305	255 877	808
盘锦	盘山	3 000	3	2 400	2
	……				
	……				
全省		15 215 000	18 551	12 428 425	11 611

三、草原资源与生态监测

　　辽宁省草原生态与资源监测开始于2005年，2009年开展草原沙化治理工程成效监测，2010年开展国家级草原固定点监测，2012年开展草原生态补助奖励机制项目成效监测，每年向国家上报监测数据信息并编制辽宁省草原监测报告年度报告（图1-1～图1-4、表1-2）。每年开展草原植被返青期、生长期和枯黄期等生长关键期监测，持续监测植被各物候期生长状况；4—10月进行国家级草原固定点监测，每月2次；8月草原植被生长盛期开展草原资源与生态监测、辽西北草原沙化治理成效监测和草原生态补奖成效监测，并开展草食家畜补饲总体情况调查统计和草食家畜饲养户补饲具体情况调查。

草原级划分依照《天然草原等级评定技术规范》（NY/T 1579—2007）。

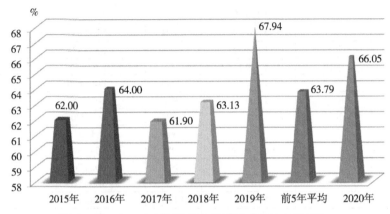

图1-1　2015—2020年辽宁省草原综合植被盖度对比

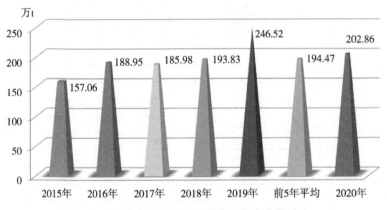

图1-2　2015—2020年辽宁省草原总产草量对比

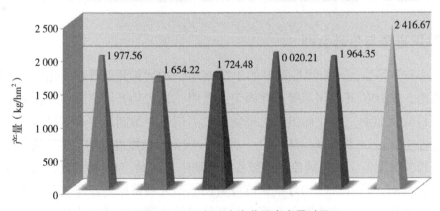

图1-3　2020年辽宁省草原类产量对照

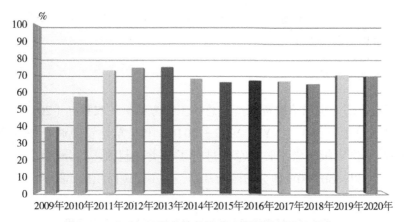

图1-4　2009—2020年沙化治理工程区草原植被盖度

表1-2　2020年辽宁省主要草原区草原级统计

草原级	划分标准（kg/hm^2）	处于该级的市	处于该级的县
1级草原	可食牧草产量≥4 000	—	—
2级草原	3 000≤可食牧草产量<4 000	盘锦市	盘山县
3级草原	2 000≤可食牧草产量<3 000	沈阳市、鞍山市、锦州市、朝阳市、葫芦岛市	康平县、岫岩县、义县、建平县、北票市、凌源市、绥中县、建昌县
4级草原	1 500≤可食牧草产量<2 000		本溪县、宽甸县、凤城市、凌海市、彰武县、朝阳县、喀左县
5级草原	1 000≤可食牧草产量<1 500	阜新市	阜蒙县
6级草原	500≤可食牧草产量<1 000	—	—
7级草原	250≤可食牧草产量<500	—	—
8级草原	可食牧草产量<250	—	—

四、草原清查

2017年，为贯彻党中央、国务院关于推进生态文明体制改革总体部署和创新政府配置资源方式的统一要求，全面深化草原生态文明体制改革，扎实稳妥推进草地资源清查工作，按照《农业部关于切实做好2017年草原保护建设工作的通知》（农牧发〔2017〕5号）的要求，辽宁省畜牧兽医局定于2017—2018年组织开展全省草地资源清查工作，目的是更准确地掌握辽宁省草地资源状况、生态状况和利用状况等方面的本底资料，提高草原精细化管理水平，为落实强牧惠牧政策、严格依法治草和全面深化草原生态文明建设提供基础数据。

采用地面调查、遥感分类解译、地理信息图形运算和数据库构建技术，全面调查辽宁省草地资源状况、生态状况和利用状况，重点完成全省草地类型及其分布状况、草地退化状况、草地质量等级及其分布等图件的制作和草地资源数据库的构建。已于2017年完成康平、阜蒙、彰武、北票、建平、喀左等6个国家级半农半牧县的草地资源清查工作。

（一）遥感调查结果

按照农业部《全国草地资源清查总体工作方案》（农牧办〔2017〕13号）要求，依据《草地分类》（NY/T 2997—2016）和《草地资源调查技术规程》，对辽宁省6个国家级半农半牧县草地进行了分类和制图，共分出4个类，12个型（表1-3）（以1∶50 000草地分布图为基础，最小图斑面积1万hm^2）。

表1-3　辽宁省国家级半牧县草地资源类型及其面积

类代码	类名称	型代码	型名称	斑块数	面积（亩）
A	温性草原类	A05	大针茅	7 453	509 555
		A22	具灌木的隐子草	7 449	1 419 483
		A49	百里香、禾草	81	6 753
E	暖性灌草丛类	E02	白羊草	3 795	173 538
		E03	具灌木的白羊草	4 478	1 176 618
		E04	黄背草	3 697	256 690
		E06	具灌木的黄背草	7 964	2 216 823
		E08	具灌木的野古草、暖性禾草	671	400 599
G	低地草甸类	G01	芦苇	107	24 838
		G06	羊草、芦苇	7 522	609 355
		G15	寸苔草、鹅绒委陵菜	3 438	172 103
Z	栽培地	ZP	栽培草地	13 515	1 007 124
总计				60 170	7 973 479

从行政区划的角度看，从西到东，建平县草地类主要以温性草原类和暖性灌草丛类为主，面积分别为667 911亩和491 636亩（表1-4），属于温性草原过渡到暖性灌草丛类的地区。其草地资源型主要以温性大针茅草原、具灌木的糙隐子草灌草丛，以及具灌木的黄背草暖性灌草丛为主（表1-5）。

表1-4　辽宁省国家级半牧县草地资源类面积和斑块数统计

市（县）	类代码	类名称	斑块数	面积（亩）
北票市	A	温性草原类	2 025	803 067
	E	暖性灌草丛类	3 300	1 420 856
	G	低地草甸类	1 245	103 827
	Z	栽培草地	198	10 556
总计			6 768	2 338 307

市（县）	类代码	类名称	斑块数	面积（亩）
建平县	A	温性草原类	6 884	667 911
	E	暖性灌草丛类	3 400	491 636
	G	低地草甸类	1 459	109 047
	Z	栽培草地	5	14
总计			11 748	1 268 608
喀左县	A	温性草原类	68	3 034
	E	暖性灌草丛类	4 940	1 128 870
	G	低地草甸类	331	28 912
	Z	栽培草地	2 403	118 405
总计			7 742	1 279 221
阜蒙县	A	温性草原类	2 764	208 264
	E	暖性灌草丛类	8 519	1 159 397
	G	低地草甸类	3 890	269 910
	Z	栽培草地	5 680	295 569
总计			20 853	1 933 140
彰武县	A	温性草原类	2 412	202 141
	E	暖性灌草丛类	445	23 485
	G	低地草甸类	2 250	140 139
	Z	栽培草地	5 029	570 092
总计			10 136	935 857
康平县	A	温性草原类	830	51 374
	E	暖性灌草丛类	1	24
	G	低地草甸类	1 892	154 461
	Z	栽培草地	200	12 487
总计			2 923	218 346

表1-5 辽宁省6个国家级半农半牧县草地资源型面积和斑块数统计

市（县）	类代码	类名称	型代码	型名称	面积（亩）
北票市	A	温性草原类	A05	大针茅	48 963
			A22	具灌木的隐子草	754 104
北票市	E	暖性灌草丛类	E02	白羊草	25 409
			E03	具灌木的白羊草	319 667
			E04	黄背草	31 341
			E06	具灌木的黄背草	661 226
			E08	具灌木的野古草、暖性禾草	383 213
	G	低地草甸类	G06	羊草、芦苇	103 827
	Z	栽培草地	ZP	栽培草地	10 556
总计					2 338 307

市（县）	类代码	类名称	型代码	型名称	面积（亩）
建平县	A	温性草原类	A05	大针茅	325 458
			A22	具灌木的隐子草	335 700
			A49	百里香、禾草	6 753
	E	暖性灌草丛类	E02	白羊草	18 254
			E03	具灌木的白羊草	63 930
			E04	黄背草	17 188
			E06	具灌木的黄背草	391 090
			E08	具灌木的野古草、暖性禾草	1 174
	G	低地草甸类	G01	芦苇	22
	G		G06	羊草、芦苇	109 025
	Z	栽培草地	ZP	栽培草地	14
总计					1 268 608
喀左县	A	温性草原类	A05	大针茅	454
			A22	具灌木的隐子草	2 580
	E	暖性灌草丛类	E02	白羊草	39 758
			E03	具灌木的白羊草	793 022
			E04	黄背草	2 188
			E06	具灌木的黄背草	293 903
	G	低地草甸类	G06	羊草、芦苇	28 912
	Z	栽培草地	ZP	栽培草地	118 405
总计					1 279 221
阜蒙县	A	温性草原类	A05	大针茅	45 510
			A22	具灌木的隐子草	162 754
	E	暖性灌草丛类	E02	白羊草	90 117
			E04	黄背草	203 398
			E06	具灌木的黄背草	849 670
			E08	具灌木的野古草、暖性禾草	16 212
	G	低地草甸类	G01	芦苇	83
			G06	羊草、芦苇	207 013
			G15	寸苔草、鹅绒委陵菜	62 813
	Z	栽培草地	ZP	栽培草地	295 569
总计					1 933 140
彰武县	A	温性草原类	A05	大针茅	70 854
			A22	具灌木的隐子草	131 287
	E	暖性灌草丛类	E04	黄背草	2 551
			E06	具灌木的黄背草	20 934
	G	低地草甸类	G01	芦苇	136
			G06	羊草、芦苇	97 732
			G15	寸苔草、鹅绒委陵菜	42 272

续表

市（县）	类代码	类名称	型代码	型名称	面积（亩）
彰武县	Z	栽培草地	ZP	栽培草地	570 092
总计					935 857
康平县	A	温性草原类	A05	大针茅	18 316
			A22	具灌木的隐子草	33 058
	E	暖性灌草丛类	E04	黄背草	24
	G	低地草甸类	G01	芦苇	24 597
			G06	羊草、芦苇	62 846
			G15	寸苔草、鹅绒委陵菜	67 018
	Z	栽培草地	ZP	栽培草地	12 487
总计					218 346

位于建平县南部的喀左县草地资源类主要以暖性灌草丛类为主（1 128 870亩），草地资源型主要以具灌木的白羊草和具灌木的黄背草灌草丛为主，体现了该地区基本上从温性草原类过渡到了暖性灌草丛类。

处于建平县东侧、喀左县东北部的北票市草地资源类主要以暖性灌草丛类和温性草原类为主，面积分别为1 420 856亩和803 067亩。其草地资源型以温性具灌木的糙隐子草和暖性具灌木的黄背草、具灌木的白羊草、具灌木的野古草、暖性禾草灌草丛为主。

紧邻北票市东北部的阜蒙县，其草地资源类主要以暖性灌草丛类为主，面积达1 159 397亩，其次是低地草甸类和温性草原类。在草地资源型水平上，暖性具灌木的黄背草灌草丛占绝对优势。

彰武县草地资源类主要以栽培草地为主（5 700 092亩），其次是温性草原类（202 141亩），暖性灌草丛只有23 485亩，草地资源类型基本过渡到温性草原类型。

彰武县东北部的康平县草地资源类以低地草甸类为主，面积为154 461亩，其次是温性草原类。而暖性灌草丛类基本消失，表明康平县是暖性草地类型的东北界线。

（二）地面样地调查结果

对辽宁省6个国家级半农半牧县草地进行了分类和归类处理，共分3个类、19个型（表1-6）。其中，涉及栽培草地和一年生杂草的为不合格样地，计39个，不合格率为5.21%，选择这些样地的主要原因是提前按底图布点，其中的一年生杂类草样地主要来源于弃耕地；低地草甸为本区域典型草地型。去除低地草甸类、栽培草地类和一年生杂类草草地类以外的样地，全部归属温性草原类和暖性灌草丛类，调查样地共涉及13个草地型，样地总数为684个，占总样地数量的91.44%。

表1-6   辽宁省6个国家级半农半牧县地面调查样地草地类、型统计

草地类	草地型	样地数
温性草原类	具灌木的糙隐子草	178
	具灌木的苔草、温性禾草	33
	羊草	25
	百里香、禾草	22
	具乔灌的冰草、冷蒿	10
	大针茅	3
	长芒草	1
暖性灌草丛类	具灌木的苔草、暖性禾草	173
	具灌木的白羊草	112
	具灌木的黄背草	60
	具灌木的野古草、暖性禾草	52
	具灌木的白莲蒿	13
	白羊草	2
低地草甸类	芦苇	8
	拂子茅	7
	寸苔草、鹅绒委陵菜	5
	羊草、芦苇	3
	碱茅	2
栽培草地	栽培草地	4
其他	一年生杂草	35
合计		748

野外样地调查与遥感调查产生较大分异的主要原因是，辽宁省草地受到人工林、农田的挤压，生境胁迫极其严重，例如，代表原生类型的贝加尔针茅、大针茅、长芒草等草地型实际存在的样地数量已不多。在长期禁牧的条件下，部分草地灌木严重侵入，例如，糙隐子草草地型大部分转化为具灌木的糙隐子草草地型，白羊草草地型显著减少，具灌木的白羊草草地型显著增加。

（三）草地退化状况

1. 遥感调查结果

以2005年草地覆盖度为基准（即未退化草地植被盖度），按照退化标准进行分类，结果为草地植被覆盖全部在90%以上，属于"未退化草地"类型。

2. 地面调查结果

根据项目工作方案，草地退化应在遥感调查中以历史调查数据为参照来评估。为与该结果加以比较，我们参照《天然草地退化、沙化、盐渍化的分级指标》（GB 19377—2003），以退化指示植物生物量占样地总生物量比例为判断因子和条件，即IIF（退化指示植物-生物量占比）>30，"重度退化"，IIF（退化指示植物-生物量占比）>20，"中度退化"，IIF（退化指示植物-生物量占比）>10，"轻度退化""未退化"。其含义为退化指示植物生物量占比>30%为重度退化；20%<占比≤30%为中度退化；10%<占比≤20%则为轻度退化，占比≤10%为未退化。

参照上述方法，样地水平上，各市县草地退化程度评估结果见表1-7。

表1-7　辽宁省6个国家级半农半牧县草地不同退化程度样地数

退化程度	建平	北票	阜蒙	喀左	康平	彰武	合计比例（%）
重度	0	0	0	0	0	0	0
中度	2	0	1	0	0	0	0.39788
轻度	3	4	5	0	2	4	2.38727
未退化	120	200	202	112	7	92	97.2149

总体上，辽宁省6个国家级半农半牧县，在样地水平上，以退化指示植物生物量占比为评价指标，退化型样地所占比例不足3%，显示出良好的恢复和保护水平。与遥感调查的总体情况也非常接近。

（四）草地沙化状况

1. 遥感调查结果

根据20世纪90年代辽宁土地沙化图和数据，以及草地资源分布图，获取草地资源沙化分布及其面积（表1-8）。本次调查中，彰武县草地沙化最为严重，沙化面积达到685 430亩，其次是北票市和喀左县，但其沙化草地主要分布在河岸地带。康平县草地沙化类型多，沙化面积占整个草地的近50%。

地理分布上，康平县和彰武县草地沙化比其他县市严重，沙化类型多。

表1-8　辽宁省6个半农半牧县草地沙化分布及面积

市（县）	草地沙化程度	面积（亩）	斑块数
康平县	重度沙化	3 149	29
	中度沙化	26 749	420

市（县）	草地沙化程度	面积（亩）	斑块数
康平县	轻度沙化	79 263	987
	合计	109 160	1 436
阜蒙县	轻度沙化	98 151	1 172
	合计	98 151	1 172
彰武县	重度沙化	55 276	346
	中度沙化	33 719	206
	轻度沙化	596 435	5 535
	合计	685 430	6 087
建平县	中度沙化	17 028	154
	轻度沙化	13 043	11
	合计	30 071	165
喀左县	轻度沙化	134 705	331
	合计	134 705	331
北票市	轻度沙化	180 247	440
	合计	180 247	440

2. 地面调查结果

沙化的评估与草地退化相似且在同一个标准之内，但是，沙生植物未见国家标准，因此，在样地水平上很难利用相应国家标准的指标或改造后的指标进行评估。在此，我们以覆沙厚度为指标来分析各半农半牧县的沙化概况（表1-9）。

表1-9　辽宁省6个国家级半农半牧县草地样地覆沙情况

半牧县	平均覆沙厚度（cm）/覆沙样地数量（块）	总体评估
建平	—/—	无沙化现象
北票	0.84/69	约1/3样地沙化，但程度较轻
阜蒙	29.37/102	近半数样地沙化
喀左	8/1	极少数样地沙化
康平	—/—	—
彰武	—/—	—

沙化最严重的是阜蒙县，不仅近半数样地沙化，而且沙层厚度近30cm。其次为北票，喀左县仅个别样地出现沙化现象。建平、康平和彰武3个县由于野外没有记录覆沙厚度而缺失数据。

根据第五次荒漠化和沙化监测结果，康平、阜蒙、彰武、北票、建平是辽宁省沙化土地的主要分布点（部分），其中，阜蒙和北票的样地基本反映了市县域沙化现状概貌，建平的沙化土地以平地为主，基本被农田覆盖，因此无沙化样地属于正常现象。

（五）草地盐渍化状况

1. 遥感调查结果

根据20世纪90年代辽宁土地盐渍化图和数据以及草地资源分布图，获得了草地资源盐渍化分布情况（表1-10）。这些地区主要有因干旱导致的轻度盐渍化现象，主要分布在东北部的康平县、彰武县和阜蒙县。

表1-10 辽宁省6个半农半牧县草地盐渍化类型和面积

市（县）	盐渍化类型	面积（亩）	斑块数
康平县	轻度盐渍化	19 392	85
	合计	19 392	85
阜蒙县	轻度盐渍化	1 566	28
	合计	1 566	28
彰武县	轻度盐渍化	7 097	125
	合计	7 097	125

2. 地面调查结果

盐渍化的评估与草地沙化程度评估相似且在同一个标准之内，并且盐渍化指示植物未见国家标准。因此，在样地水平上很难利用相应国家标准的指标或改造后的指标进行评估，相应的，样地水平均设定为未盐渍化，但与辽宁省6个国家级半农半牧县实际情况相符。

（六）草地虫鼠害状况

辽宁省6个国家级半农半牧县草地虫鼠害总体状况。

1. 鼠害总体状况

辽宁省6个国家级半农半牧县主要的鼠害种类为达乌尔黄鼠（*Spermophilus dauricus*）。以鼠洞密度（有效洞口/hm^2）为指标进行样地水平评估，结果见表1-11。

表1-11 辽宁省6个国家级半农半牧县草地鼠害现状

半牧县	平均鼠洞密度（有效洞口/hm^2）	鼠害严重程度排序
建平	24.06	5
北票	40.81	4
阜蒙	67.78	1

半牧县	平均鼠洞密度（有效洞口/hm²）	鼠害严重程度排序
喀左	17.59	6
康平	43.96	3
彰武	46.61	2

从样地水平的鼠害空间分布看，阜蒙县鼠害最为严重，并且向西南、东北逐渐减少，总体规律非常明显（图1-5）。

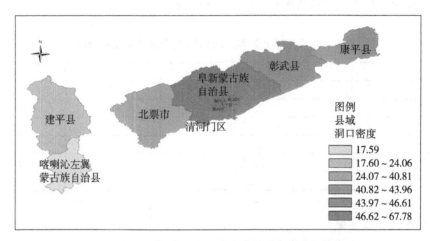

图例
县域
洞口密度
- 17.59
- 17.60 ~ 24.06
- 24.07 ~ 40.81
- 40.82 ~ 43.96
- 43.97 ~ 46.61
- 46.62 ~ 67.78

图1-5　辽宁省6个国家级半农半牧县鼠害空间分布

2. 虫害总体状况

辽宁省6个国家级半农半牧县主要的虫害种类为蝗虫（*Locusta migratoria* subsp. manilensis）。以虫害密度（个/m²）为指标进行样地水平评估，结果见表1-12。在样地水平，北票市的虫害密度极低，向西南、东北逐渐升高，与鼠害空间分布趋势基本相反（图1-6）。

表1-12　辽宁省6个国家级半农半牧县草地虫害现状

半牧县	平均虫害密度（个/m²）	虫害严重程度排序
建平	11.79	4
北票	4.92	6
阜蒙	10.51	5
喀左	12.07	3
康平	13.95	1
彰武	12.39	2

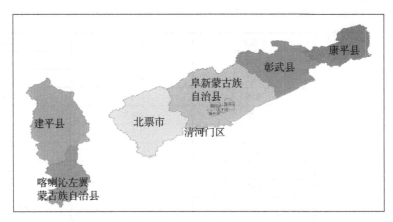

图1-6 辽宁省6个国家级半农半牧县虫害空间分布

（七）草地资源质量评价

在本次调查中，按照国家标准，统计了草地各级面积（表1-13）。总体上，草地级主要以1～4级为主。

表1-13 辽宁省6个半农半牧县草地级和分布面积

市（县）	质量级	面积（亩）	斑块数
康平县	1级	58 192	1 263
	2级	83 747	1 136
	3级	45 707	321
	4级	19 087	135
	5级	3 621	41
	6级	5 039	21
	7级	2 416	4
	8级	532	2
合计		218 343	2 923
阜蒙县	1级	699 244	7 656
	2级	1 088 086	10 983
	3级	117 406	1 725
	4级	19 896	306
	5级	6 465	122
	6级	1 354	30
	7级	784	9
	8级	538	22
合计		1 933 772	20 853
彰武县	1级	275 704	4 216
	2级	455 614	4 289

续表

市（县）	质量级	面积（亩）	斑块数
彰武县	3级	150 320	1 117
	4级	34 595	292
	5级	14 064	127
	6级	4 276	63
	7级	1 014	26
	8级	290	6
合计		935 878	10 136
建平县	1级	33 922	643
	2级	538 813	5 890
	3级	544 891	4 245
	4级	144 708	802
	5级	5 419	114
	6级	2 219	40
	7级	1 009	13
	8级	24	1
合计		1 271 005	1 748
喀左县	1级	489 201	3 132
	2级	659 089	3 325
	3级	108 668	919
	4级	16 816	247
	5级	5 692	78
	6级	1 784	31
	7级	221	7
	8级	34	3
合计		1 281 505	7 742
北票市	1级	293 715	1 313
	2级	1 762 661	3 830
	3级	243 460	1 082
	4级	26 246	299
	5级	9 180	147
	6级	3 955	67
	7级	551	18
	8级	444	12
合计		2 340 211	6 768

（八）数据汇总

本次草原清查包括33项指标，根据清查结果将辽宁省6个国家级半牧县草地资源汇总形成省级数据成果（表1–14）。

表1-14 辽宁省6个国家级半农半牧县草地资源清查主要指标

（各指标清查数据以县域为单元；以县级数据为基础汇总形成省级数据）

类型	序号	指标名称	单位	康平	阜蒙	彰武	北票	建平	喀左	合计
	1	草原总面积（地块及界线）	万亩	21.8343/2923	193.3772/20853	93.5878/10136	234.0211/6768	127.1005/11748	128.1505/7742	798.0714/60170
	2	其中：国有草原面积	万亩	21.8343/2923	193.3772/20853	93.5878/10136	234.0211/6768	127.1005/11748	128.1505/7742	798.0714/60170
	3	集体草原面积	万亩	0	0	0	0	0	0	0
	4	草原类型及面积								
	4.1	A03温性草原类贝加尔针茅	万亩	0.0668	0	0.0540	0	0.2542	3.546413	3.9214
	4.2	A04温性草原类大针茅	万亩	0	0	0	0	12.1446	0	12.1446
	4.3	A06温性草原类羊草	万亩	4.5490	0.35290	6.4655	0	0	0.1396	11.1541
	4.4	A07温性草原类羊草、旱生杂类草	万亩	0	0	0	0	3.8420	0	3.8420
资源状况	4.5	A11温性草原类长芒草	万亩	0.5711	0	0.0827	0	1.1252	0.7287	2.5077
	4.6	A21温性草原类糙隐子草	万亩	3.3487	33.255209	4.9455	4.5014	12.6613	0	58.7121
	4.7	A22温性草原类具灌木的隐子草	万亩	3.3058	58.51210	13.8799	72.7123	39.8673	5.3460	193.6234
	4.8	A49百里香、禾草	万亩	0	0	0	0	3.6108	0	3.6108
	4.9	E02暖性灌草丛类白羊草	万亩	0	6.58680	0	6.0784	3.1974	2.7684	18.6310
	4.10	E03暖性灌草丛类具灌木的白羊草	万亩	0	6.9035	1.3424	67.0781	39.4707	86.5725	201.3672
	4.11	E06暖性灌草丛类具灌木的黄背草	万亩	0	0	0	41.9180	0	14.2909	56.2089
	4.12	E08暖性灌草丛类具灌木的野古草、暖性禾草	万亩	0	0	0	30.2858	0	0	30.2858
	4.13	E11暖性灌草丛类具灌木的苔草、暖性禾草	万亩	0	37.4841	0	0	0	0	37.4841

续表

类型	序号	指标名称	单位	康平	阜蒙	彰武	北票	建平	喀左	合计
	4.14	G01低地草甸类/芦苇	万亩	2.4596	0.0083	0.0136	0	0.0022	0	2.4837
	4.15	G02低地草甸类/羊草、芦苇	万亩	6.2846	20.7071	9.7735	10.3908	10.9233	2.8964	60.9757
	4.16	G03低地草甸类/寸苔草、鹅绒委陵菜	万亩	0	0	0.0202	0	0	0	0.0202
	4.17	ZP栽培草地	万亩	1.2487	29.5671	57.0106	1.0565	0.0014	11.8617	100.7460
	5	质量分级及面积								
资源状况	5.1	1级	万亩	5.8192	69.9244	27.5704	29.3715	3.3922	48.9201	184.9978
	5.2	2级	万亩	8.3747	108.8086	45.5614	176.2661	53.8813	65.9089	458.8010
	5.3	3级	万亩	4.5707	11.7406	15.0320	24.3460	54.4891	10.8668	121.0452
	5.4	4级	万亩	1.9087	1.9896	3.4595	2.6246	14.4708	1.6816	26.1348
	5.5	5级	万亩	0.3621	0.6465	1.4064	0.9180	0.5419	0.5692	4.4441
	5.6	6级	万亩	0.5039	0.1354	0.4276	0.3955	0.2219	0.1784	1.8627
	5.7	7级	万亩	0.2416	0.0784	0.1014	0.0551	0.1009	0.0221	0.5995
	5.8	8级	万亩	0.0532	0.0538	0.0290	0.0444	0.0024	0.0034	0.1862
	6	草原综合植被盖度*	%							
生态状况	7	草原退化（沙化、石漠化、盐渍化）面积	万亩	10.9160	9.8151	68.5430	18.0247	3.0071	13.4705	123.7764
	8	其中：重度草原面积	万亩	0	0	0	0	0	0	0
	9	中度草原面积	万亩	0	0	0	0	0	0	0
	10	轻度草原面积	万亩	0	0	0	0	0	0	0
利用状况	11	草原承包的国有草原面积	万亩	9.6174	195.99755	114.3649	180	114.3700	98.84055	713.1904
	12	落实承包的国有草原面积	万亩	9.6174	195.99755	103.6840	171.6493	114.3700	98.84055	694.1588
	13	落实承包的集体草原面积	万亩	0	0	10.6809	8.3507	0	0	19.0316
	14	已纳入不动产统一确权登记的草原承包面积	万亩	0	0	0.7987	0	0	0	0.7987

续表

类型	序号	指标名称	单位	康平	阜蒙	彰武	北票	建平	喀左	合计
	15	已纳入自然资源统一确权登记的草原承包面积	万亩	0	0	0	0	0	0	0
	16	国有农牧场的草原面积	万亩	0	2.0840	10.6809	0.2272	12.859303	0	25.851403
	17	其中:已改制国有农牧场的草原面积	万亩	0	2.06	0	0	0	0	2.06
	18	国有草原向集体经济组织外流转的面积	万亩	0	0	0	0	0	0	0
	19	已公告基本草原面积	万亩	0	175.8666	97.1799	162.63099	97.36455	97.0989	630.14094
	20	完成技术划定但未公告的基本草原面积	万亩	0	0	0	0	0	0	0
利用状况	21	纳入生态保护红线草原面积	万亩	—	—	—	—	—	—	—
	22	纳入各类保护地草原面积	万亩	2.00	0	0.5002	0	0	0	2.5002
	23	禁止开发区内的草原面积	万亩	0	0	0	0	0	0	0
	24	限制开发区内的草原面积	万亩	21.8343	193.3772	93.5878	234.0211	127.1005	128.1505	798.0714
	25	重点开发区内的草原面积	万亩	0	0	0	0	0	0	0
	26	优化开发区内的草原面积	万亩	0	0	0	0	0	0	0
	27	超载率小于10%的县及名称	个	全县禁牧	全县禁牧	全县禁牧	全县禁牧	全县禁牧	全县禁牧	全县禁牧
	28	超载率小于10%的草原面积	万亩	0	0	0	0	0	0	0
	29	超载率10%~15%的县及名称	个	全县禁牧	全县禁牧	全县禁牧	全县禁牧	全县禁牧	全县禁牧	全县禁牧
	30	超载率10%~15%的草原面积	万亩	0	0	0	0	0	0	0
	31	超载率大于15%的县及名称	个	全县禁牧	全县禁牧	全县禁牧	全县禁牧	全县禁牧	全县禁牧	全县禁牧
	32	超载率大于15%的草原面积	万亩	0	0	0	0	0	0	0
	33	年末草食畜家存栏数量	羊单位	1279300	39237300	1945093	11750000	1675940	750800	56638433

注: *草原综合植被盖度数据暂缺，是由于辽宁草原不是集中连片，板块化极其严重，导致NDVI数据与样地调查的盖度之间的定量回归关系不成立，无法完成遥感数据的反演。

<h1 style="text-align:center">第三节　草原保护建设</h1>

一、草原管理体系建设

一个时期以来，特别是进入新世纪后，党中央、国务院和辽宁省委省政府高度重视草原生态保护工作。草原组织管理体系基本健全，草原法律法规体系日臻完善，草原执法监督不断加强，草原扶持政策取得历史性突破，草原监测预警信息及时发布，草原承包确权全面推进，草原资源与生态保护进入前所未有的新时期。

二、草原法制体系建设

（一）法律法规

1985年国家颁布了《草原法》，2003年3月，国家又颁布了重新修订的《草原法》，完善了对草原保护建设利用方面的法律制度。其他如《农村土地承包法》《环境保护法》《防沙治沙法》《水土保持法》等，起到与草原法律协调补充的作用。涉及的法律还包括《国家行政许可法》《行政复议法》《行政诉讼法》等。国务院制定的草原相关的行政法规有《草原防火条例》《自然保护区条例》《野生植物保护条例》等，涉及的规章有《草种管理办法》《甘草和麻黄草采集管理办法》《草原征占用审核管理办法》《草畜平衡管理办法》《农村土地承包经营权流转管理办法》《农村土地承包经营权证管理办法》等。"十一五"以来，国务院公布新修订的《草原防火条例》，最高人民法院启动了《关于审理破坏草原资源刑事案件应用法律若干问题的解释》制定工作。地方性法规是由省、直辖市、自治区、自治州、自治旗、县人民代表大会及其常委会通过的法规，辽宁省出台了《辽宁省草原管理实施办法》《辽宁省草原植被恢复费征收使用管理办法》，草原法律体系得到进一步完善。

（二）辽宁省建立了草原执法体系

据2016年统计，全省各级草原监理人员606人，有执法证人员293人，省市县三级共有监理机构53个，基本形成了配套较齐全的监理体系。认真贯彻《农业部关于加强草原管护员队伍建设的意见》，并据此指导各地积极完善草原管护制度和建立草原管护队伍，聘用草原管护员1 539人，并开展多次培训，以提高草管员的素质能力，补充草原监督能力。据统计，2014年以来，全省共立案查处草原违法案件93起，移送公安机关4起，破坏草原140hm^2。各地积极落实草原属地化管理责任，规范指导基层草原执法部门依法开展草原执法。贯彻落实《辽宁省人民政府办公厅关于进一步依法加强草原保护工作的通知》（辽政办发〔2017〕35号）精神，组织专家对主要草原区开展执法调研工作，摸清草原执法工作进展，了解实际工作中难题，研讨破解疑难途径；开展了全省草原保护执法督察，规范草原执法程序，提高案卷制作水平。

三、草原确权与承包

草原是重要的自然资源，是陆地生态系统的重要组成部分。对维护生态平衡特别是保障畜牧业发展具有不可替代的作用。辽宁属北方重要草原区，据20世纪80年代普查，全省天然草原面积尚存338.88万hm^2，占全省土地总面积的23%，可利用面积323.93万hm^2，约占全省草地总面积的95.6%。理论载畜量202.6个羊单位。全省共有9个草原类型，草原植物2 200种，饲用植物近1 000种。从西北到东南依次为次生干草原、草甸草原和森林植被，农田林地草原分布。较为丰富的草原资源不仅为畜牧业发展提供了充足的饲料来源，其特有的防风固沙、涵养水源、保持水土以及维护生物多样性功能在维护全省生态安全方面发挥了巨大的作用。随着社会经济发展和长期以来重农轻牧、重林轻草、重用轻管影响，不仅滥采滥占、超载过牧造成各类草原呈现不同程度的退化，而且名目繁多的开发或建设项目蚕食了大面积的天然草原，人工草地毁草种田或造林的大有不可遏止且逐年上升的趋势。据2007年辽宁西北部半农半牧区草原资源调查统计，天然草原包括人工草地面积与20世纪80年代草原资源普查时比较下降了38%，草原三化面积达到28%以上，表现为牧草生产水平下降，植被盖度降低。因此，在全省范围内全面开展草原确权并实施承包管理已成为辽宁省草原生态文明建设的紧迫任务。

为了加强草原的保护建设，实现草原资源的合理配置和可持续利用，促进生态建设和与生产协调发展，2008年7月，辽宁省人民政府召开全省草原权属确定工作会议，在总结确权试点经验的基础上，下发了《辽宁省草原权属确定工作的指导意见》，有力地推动了全省草原确权工作。截至2018年草原确权工作已在全省13个市（除大连外）37个县（市）153个乡（镇）开展，共完成草原确权任务102.67万hm^2，18 688块草地，发放草原使用证1.6万本，90%以上的确权地块落实了承包责任制。

草原家庭承包制是我国农村土地承包经营制度的重要组成部分。落实和稳定草原承包关系，是党在草原地区的政策基石，是保障农牧民合法权益、促进农牧业发展、保持牧区稳定的制度基础。20世纪80年代以来，草原家庭承包经营制在辽宁省草原地区逐步推行。这一制度的实行，依法赋予了广大农牧民长期稳定的草原承包经营权，从根本上改变了"草原无主、利用无序、建设无责、管理无章"的局面。但由于草原资源的复杂性、分布的广泛性、合理开发利用的艰巨性以及社会对草原认识的局限性等原因，使得我国在草原家庭承包经营制的落实和完善方面明显落后于耕地和林地的承包工作。这在很大程度上制约了我国草原保护建设工作的进一步深化，不利于草原的可持续发展。正确处理好草原保护和利用的关系，实现草原保护和利用的协调发展，是保障草原可持续发展的关键。农牧民是草原保护和利用的主体，只有落实草原承包，才能真正实现"责、权、利"和"管、建、用"的有效结合，才能真正实现草原的可持续发展。为加强草原生态建设，近几年辽宁省陆续实施了退牧还草、辽西北草原沙化治理和草原生态补助奖励机制等重大工程和政策，只有落实好草原承包，才能切实维护草原保护建设的成果，充分发挥工程建设的效益。草原承包经营制度是党在草原地区的基本政策，是保护草原、推进草原地区经济发展的战略措施。《草原法》《农村土地承包法》等法规都对实施草原承包工作提出了具体的要求。2016年3月1日《物权法司法解释一》针对不动产登记与物权确认的争议和预告登记效力的确定等方面作了详细的解释规定。草原作为不动产之一，进行确权、登记和统一管理将是大势所趋。2012年，省畜牧局根据《草原法》和《农村土地承包法》重新修订了《草原承包合同书》，明确发包方和承包方的权利和义务，统一印制了《草原承包经营权证》。建立了草原确权和承包登记档案，保障了户有《草原承包经营权证》、村有《草原使用权证书》、乡（镇）有《草原登记簿》，县级草原行政主管部门永久留存草原所有档案，截至2018年，全省草原承包面积92.6万hm²，占已确权草原面积的90%以上，签订草原承包经营合同10.3万份、发放草原经营权证9.98万本，草原承包经营真正落实到户，草原承包经营工作取得了显著进展，为草原保护建设奠定基础。

四、基本草原划定管理

基本草原是指《草原法》第四十二条规定划定进行保护的草原。①重要放牧场；②割草地；③用于畜牧业生产的人工草地、退耕还草地以及改良草地、草种基地；④对调节气候、涵养水源、保持水土、防风固沙具有特殊作用的草原；⑤作为国家重点保护野生动植物生存环境的草原；⑥草原科研、教学实验基地；⑦国务院规定应当划为基本草原的其他草原。

　　基本草原划定是有效保护和建设草原生态环境最基础性工作。通过基本草原划定工作，可以详细掌握辽宁省草地资源利用和管理现状，为开展农牧业功能区划、确定草原保护建设重点及畜牧业可持续发展提供科学依据。为贯彻落实《中华人民共和国草原法》《国务院关于加强土地调控有关问题的通知》（国发〔2006〕31号）和《农业部关于切实加强基本草原保护的通知》（农牧发〔2006〕13号）精神，2014年，省政府下发了《辽宁省人民政府办公厅关于加快推进全省基本草原划定工作的通知》（辽政办明电〔2013〕60号）和《辽宁省国家半牧区基本草原划定工作实施方案》《基本草原划定工作指南》《基本草原划定验收方案》，大力度推进基本草原划定工作，全省共有18个县（市、区）开展了基本草原划定工作。各县以确权草原为基础，依据草原资源本底数据，组织开展调查勘验工作。调查勘验内容包括基本草原分布、界限、面积、类型和利用情况等。根据调查勘验情况和经营利用现状，确定基本草原类型并逐级登记填报《村级基本草原划定登记表》《乡级基本草原划定汇总表》《县级基本草原划定汇总表》《基本草原属性表》，以县级人民政府名义在报纸、电视等媒体上发布公告，公告内容包括基本草原划定范围、类型、界限、面积等。全省总划定基本草原面积82.85万hm^2，占已确权草原80%以上。

五、草原防灾减灾

（一）草原防火

　　辽宁省是全国重点草原防火区。全省主要草原区普遍降水较少，干燥多风，草原可燃物大幅增多，草原火灾隐患多，威胁大，防火形势十分严峻。全省各级草原防火部门在农业部和辽宁省草原防火指挥部的正确领导和全力支持下，认真履行职责，扎实开展工作，加强协作配合，有效防止了草原火灾的发生，未发生重大草原火灾。全省各库（站）储备物资均建立制度、科学管理、有效保障。已建成辽宁省草原防火指挥中心1个、各级草原防火物资库（站）15个，建成火情监控站9座，初步建成统一的草原火灾监测信息传递、草原火灾应急处置、草原防火物资储备等数据共享的网络平台，基本建立起草原火灾预警防控体系。

（二）雪灾防治

　　我国的雪灾主要分布在内蒙古、新疆、青海和西藏四省区，辽宁省尚未有记载的草原雪灾记录。我国草原牧区一般性的雪灾出现次数较为顺繁，严重雪灾大约有十年一遇的规律。经过多年不懈的努力，草原牧区防灾减灾能力和工作水平不断提高，草原畜牧业因雪灾损失明显减少。2008年农业部成立了草原雪灾应急管理工作小组及办公室，主要牧区省、市及易灾县乡（镇）村分别成立了防抗灾机构和救灾突击队。2011年，农业部着手编制《农业部草原畜牧业寒潮冰雪灾害应急预案》，六大区省、地、县级农牧部门都制订了相应的灾害突发事件应急预案。近年来，易灾区加强了寒潮冰雪灾害的监测、预报、预警工作，各级人民政府有针对性地采取防灾抗灾措施，开展了以围栏草场、牲畜暖棚、人工饲草料基地及牧民定居房屋、越冬饲草料贮备为主要内容的灾害防御体系建设。辽宁省也对草原保护建设力度加大，草原生态逐年恢复，草原牧区防灾减灾能力进一步增强。

（三）鼠虫害防治

辽宁省草原害鼠主要危害种类为达乌尔黄鼠、东北鼢鼠、草原鼢鼠、田鼠、小家鼠等。据统计，全省平均有效洞口数为70～80个/hm²，局部害鼠密度可达150～190个有效洞口数/hm²；辽宁省草原虫害种类较多，有蝗虫、草地螟、苜蓿蓟马、蚜虫、春尺蠖等，其中以草原蝗虫危害最为严重，局部蝗蝻密度达28～35头/m²。

2016—2018年，辽宁省在草原鼠虫害常发地区朝阳、阜新、锦州、葫芦岛、丹东等地建立了鼠虫害固定监测点，全省共建立鼠虫害固定监测点308个，并及时组织开展监测预警，发布监测预警情况报告，为科学防治提供科学依据。有害生物防控工作加强了市、县级测报站建设，在草原虫害发生重点地区朝阳、阜新、锦州、葫芦岛、丹东等地建设了15个草原鼠虫害固定监测站，通过添加测报器材，改善通信设备，加强技术培训等措施，全面提高监测水平。在春季、秋季、发生期、防控期、防控后5次调查环节开展监测，确保了监测质量和防治效果。

2019年全省草原鼠害危害面积24.79万hm²，其中严重危害面积9.01万hm²，完成草原鼠害防治面积12.28万hm²；全省草原虫害危害总面积28.88万hm²，其中严重危害面积11.90万hm²。共开展草原虫害治理面积14.15万hm²（图1-7）。

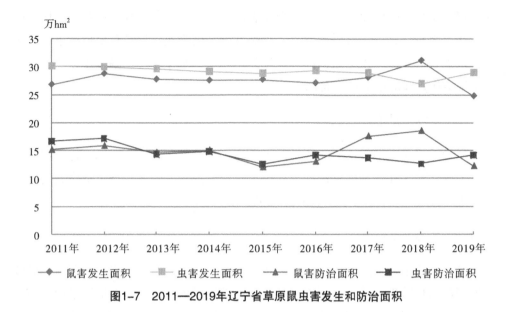

图1-7 2011—2019年辽宁省草原鼠虫害发生和防治面积

图例：◆ 鼠害发生面积　■ 虫害发生面积　▲ 鼠害防治面积　■ 虫害防治面积

（四）毒害草防治

我国天然草原上有1 300多种有毒有害植物，广泛分布在内蒙古、新疆、西藏、四川等草原大省（自治区），据统计，每年因棘豆、紫茎泽兰等毒害草造成的直接经济损失达22亿元，各地对草原毒害草采取了一系列防治措施。辽宁省草原毒害草发生面积为10.58万hm²，其中以少花蒺藜草为主，发生面积为9.33万hm²，占总毒害草发生面积的88.19%。全省展开毒害草防治面积0.27万hm²，平均防治效果达90%。

六、问题与建议

（一）草地面积锐减

通过草原清查结果得知，与20世纪80年代的草地调查结果相比，康平县草地面积减少86%，阜蒙县减少17%，彰武县减少18%，建平县减少33%，喀左县减少46%，北票市减少63%。如果考虑零星分布的草地（面积小于1hm²），面积减少程度可能更大。

（二）草地景观斑块化和破碎化严重

草地景观生态系统破碎化严重，草地分布零散，小面积斑块（1hm²以下）占草地斑块总数的60%以上，主要分布在农田、沟壑边缘及内部。这些小斑块之间的连接程度较低，会出现种群隔离，影响种内基因交流，导致草地质量下降。为此，根据当地零星草地分布情况，设计和建设生物廊道，连接各个小斑块，既防止草地退化，又能增加草地面积。

（三）草地沙化严重

尽管经过几十年的草原治沙工程和措施，在辽蒙界附近，草地沙化仍然很严重。为此，建议在草地沙化治理工程中，应当选择当地乡土物种（适应当地的气候、土壤等条件），保证治沙工程的成效。

（四）干扰越来越严重

除了自然干扰（火、气候变化）外，如今人为干扰严重影响草地资源，导致草地资源面积减少、破碎化严重，其他景观类型增加，严重影响地区景观平衡。在草原治理工程中，采用林地化政策，导致大部分草地转化为林地，严重干扰地区水量平衡，反而加剧草地退化。

因此，建议在土地侵蚀严重的沟壑植树造林，平地和坡地上保留原有的草地类型，通过飞播等手段增加草地物种种源，既防止土地侵蚀，又能保证草地生态系统的健康发展。

（五）优良牧草减少

随着草原面积的减少，优良牧草所占比例也在减少。同时，在草原治理工程实施过程中，过度引进乔木和灌木，导致草原面积进一步减少，阳性草本植物面积减少，林下或灌木下的耐阴性草本反而增加，大幅度降低优良牧草的分布和比例。

为此，建议进一步完善和健全草原保护政策和法规，加强对优良牧草及其生境的保护。

（六）利用不充分

保护不等于不利用，对草地资源的合理利用是草原景观健康存在必不可少的生态过程。适当放牧、割草等促进草本物种传播，降低可燃物载量，减少火灾发生，增加草地生产力，增强草地景观的稳定性。

第二章　草原监测的意义与作用

第一节　草原监测的意义

一、草原监测的目的及意义

草原是我国面积最大的陆地生态系统，既是可再生的自然资源，又是陆地生态系统的天然屏障，并且在维持生态平衡、保护人类生存环境以及保障国民经济与社会发展发挥着重要作用。辽宁省是我国北方重要草原区之一，全省有天然草原338.88万hm²，占国土总面积的23%，其中可利用草原323.93万hm²。丰富的草原资源，不仅为畜牧业发展提供了充足的饲料资源，其特有综合功能在保护全省生态安全方面具有不可替代的作用。多年来由于盲目开垦和超载过牧，全省70%的天然草原出现不同程度的退化，导致草原生产力水平大幅下降，草原生产状况无法准确评估。草原监测是草原现代化管理的核心，因此，运用现代草原监测和信息管理手段，科学准确掌握全省草原资源与生态变化情况，客观评价草原保护建设成效，为依法管理草原、科学建设和开发利用草原提供依据，对维护全省生态安全、构建和谐社会、促进山水林田湖草综合治理和社会主义新农村建设具有十分重要的意义。

（一）加强草原监测是依法强化草原管理的需要

《草原法》第二十五条明确要求："国家建立草原生产、生态监测预警系统，县级以上人民政府草原行政主管部门对草原的面积、等级、植被构成、生产能力、自然灾害等草原基本状况实行动态监测，及时为本级政府和有关部门提供动态监测和预警信息服务。"国家草原管理部门要求各省将草原监测工作作为一项常规性工作认真开展，每年定期上报监测数据。因此，依法加强天然草原资源与生态监测工作是加强草原管理的基础保障，是推进草原工作实现规范化、法制化的必要手段。

（二）开展草原监测是草原生态建设的需要

近年来，国家及各级政府对自然生态建设的重视逐步提高，对草原建设的投资规模和建设力度不断加大，人工草地建设快速发展，天然草原植被逐年恢复。开展草原监测工作，能及时准确掌握草地资源发展变化动态情况，真实反映草原项目建设成效，为草原建设、保护和利用提供科学依据，为各级政府实施自然生态建设项目决策提供有价值的参考。

（三）加强草原监测是实现草原畜牧现代化管理的核心

近年来，全省天然草原退化、沙化、盐渍化的趋势虽已得到有效遏制，但草原退化状况非常严重，在草原建设工作中缺乏现代化的管理手段，对草原状况无法进行科学评估。因此采用现代科学方法对草原资源定期监测，及时客观地为决策部门提供草原生态监测数据，科学反映草原建设面临的严峻形势，提高各地政府对草原保护工作的重视力度，及时采取措施，大力推进草原生态治理工作。

（四）加强草原监测是畜牧业健康发展的需要

辽宁省是全国重要的草食家畜生产基地，长期以来，由于超载过牧给草原植被造成严重破坏，影响了辽宁省畜牧业的健康发展和生态环境安全。通过草原资源监测，指导各地推进草畜平衡，实现草原生态的良性循环，为辽宁省草食畜禽生产持续健康发展提供保障，最终实现草原建设经济效益、社会效益和生态效益的同步提高。

（五）加强草原监测是确保草原生产安全的需要

科学有效地防范草原自然灾害，可最大限度地降低草原灾害造成的损失。近年来草原自然灾害频繁发生，认真做好草原生产力等方面的动态监测，可有效地从草原植被状况中提取重要的信息，科学有效地防范草原自然灾害，对突发性灾害做到早预测、早准备、早处理，提高对草原灾害的快速反应能力，最大限度地降低草原灾害造成的损失。

二、草原监测工作的开展

辽宁省草原监测工作立足于辽宁省主要草原类型，以地面调查为基础，获取辽宁省草原资源与生态状况的动态信息，初步开展科学分析与评价，测算工程效益，分析草原灾害损失，评定草原生态状况等，为全省草原保护与生态建设，草原防灾减灾，草原监督管理，草原畜牧业生产提供参考依据。

（一）指导思想

按照中共中央国务院《关于加快推进生态文明建设的意见》精神，围绕草原生态和牧草生产，以国家及省草原管理部门为指导，由各有关监测县（市）草原站具体实施，不断学习提高科学监测水平，精心组织、扎实开展草原监测工作，保障全省草原保护建设工作科学实施。

（二）基本原则

合理布局。在全省主要天然草原区均设置观测样地，各县按比重分配样地数量。工程项目成效监测设内外对照观测样地。同期定位。每年在同一时期开展相应的监测工作，样地选择后固定不变。科学观测。按照有关监测技术规程开展实地观测，技术人员尽量保持不变，观测信息科学连贯。规范信息。观测数据和图片格式内容符合技术规程和培训要求，统计数据准确。及时报送。按照进度要求，及时向省草原管理部门报送有关数据信息。合理分析。全面汇总观测数据，按照草原生态统计分析方法，对比分析年度草原观测数据信息。

（三）开展情况

从2005年开始，全省每年组织开展全省草原资源与生态监测工作。在朝阳、北票、凌源、建平、喀左、阜蒙、彰武、义县、凌海、建昌、盘山、康平、岫岩、本溪等14个县（市），按年度完成100个天然草原资源观测样地、18个牧草返青期观测样地、230户牧户补饲入户调查、补饲情况调查和草原"三化"面积调查等工作。监测内容主要包括主要草原类型植被状况、草原生态环境状况、草原利用状况等。从2009年开始，在辽西北地区每年开展辽西北草原沙化治理成效监测。在康平、义县、阜蒙、彰武、北票、朝阳、喀左、建平、凌源、建昌等10个辽西北草原沙化治理工程区监测各工程区草原植被恢复情况。从2013年开始，在国家级半农半牧地区每年组织开展草原生态补奖效益监测，监测草原禁牧效果及草原生态补奖政策落实的生态、生产和社会效益。从2014年开始，在辽西北部分地区设立了本区域主要草原类型固定监测样地，同步在国家级草原固定监测点开展草原植被动态监测，监测植被的物候期、生长势、土壤、气象和枯落物等各项指标，同时进行路线调查，到2020年，全省重点草原区固定监测网络建设已初具规模，全省草原监测工作进入了一个新的阶段。

（四）保障措施

1. 加强组织领导

设立草原监测专项领导小组具体负责项目组织和实施工作，根据调查工作的需要，由省、市、县草原部门中具有一定理论和实践经验的技术人员，组成项目技术组，负责全省草原调查和草原监测的技术指导工作。各监测县组建专业地面调查小组按要求开展地面调查等工作。

2. 科学确定样地

根据不同地区草地生态变化实际情况，科学选取有代表性的样地，建立草地动态监测点。根据监测任务和草原类型，按样地选择要求，在认真分析和全面研究本省草原植被分布特征的基础上，确定调查路线和布点区域，合理划定样地选择区域。

3. 规范数据采集

为确保采集数据真实、准确，由省草原管理部门统一制订监测方案，统一安排部署数据的收集和整理工作。组织各监测站技术人员严格按照监测方案要求规范操作，监测样本务求定位准确、数据详实、图片清晰，监测结果最后由专家进行会商完成。

4. 强化技术培训

为了保证监测工作顺利实施，每年组织开展全省草原监测技术交流和培训，总结监测工作中出现的问题，学习最新草原监测技术，提高监测人员的业务水平。

第二节　草原监测的作用

一、草原监测在管理决策中的作用

草原监测是集草原返青调查、草场监测、物候期管理、草原生态保护，合理利用天然牧草地的综合性项目，其目的是准确地掌握草地资源的变化，为《草原法》的实施提供准确科学的数据和可操作的指标，评价草原生态建设、修复工程实施成效，为政府决策和合理利用天然牧草地提供决策依据。草原返青主要调查牧草返青的时间、返青的牧草种类、返青的盖度等；草原监测包括生产力监测和生态环境监测，草原生产力监测主要记录植被组成、盖度、高度、草原植被长势、各类型草原鲜草及干草产量、载畜能力，生态环境监测主要监测草原农作物退化、沙化、盐渍化面积、分布区域和等级评定等。

（一）掌握草原资源动态变化

草原资源状况是一个动态过程，草原的变化来自两方面，一方面是草原植被随自然条件的影响，自身不断发生生长、演替等规律性变化；另一方面是草原植被生长在人类活动的不断干扰下，发生超出自身规律的变化，对草原资源的了解和对其动态的监测就成为人类保护和利用草原资源过程中一个十分重要的环节，草原监测就是采用一系列技术手段记录一定的时段内草原资源变化的过程，监测和预警内容依管理目标和研究目的而设定，草原资源监测主要内容包括以下几个方面。

1. 监测草原类型面积变化

草原类型面积监测是草原资源监测的基础，主要是对草原不同地类的类型、面积、分布及动态变化情况进行监测，定期提供各地类面积现状、分布格局及动态变化数据及图像资料，人类对草原的认识、评价、利用立足于具体的草原类型。草原类型是存在于一定空间的具有特定自然与经济特征的具体草原地段，是研究草原的特征、分布、演替规律，以及发生、发展原理的基本单元。草原由许多类型单元所组成，而草原面积代表了许多类型单元地段分布的总和，草原的类型面积是有限的，作为一种农业自然资源，它与耕地、森林有互相转化的关系，近代城镇、交通及工矿业的快速发展也迫使草原的利用向非农业自然资源方面转化，开展草原类型面积动态监测，对划定草原保护红线，遏制草原非法违法利用有重要意义。通过监测，获取草原的植被组成以及气候、地形、地貌、土壤等资料，确定草原类型及其分布界线，掌握区域内的草原类型、面积及其动态变化，对比历史数据，分析面积变化及原因，做出草原面积变化评价报告，为有效地保护草原资源提供重要依据。

2. 预测预报天然牧草生产量

适时监测不同季节各类草地牧草长势、生物量及其空间变化趋势，是草原资源监测的基本任务之一。一个地区、一个生产单位的草原畜牧业发展的规模，主要取决于经营范围内草原生产力的高低。草原生产力包括第一性生产力和第二性生产力，第一性生产力是草群地上部分的植物体重量（广义的草原第一性生产力还包括植物地下部分的生产能力），第二性生产力是单位面积草原在一定时间内可承载家畜头数和转化为畜产品的数量。草原生产力受水热为主导因子的环境条件限制，其高低决定于草群植物种类组成及生长发育状况。草原地上生物量随季节而变化，生产力具有时效性，以单位面积地上生物量和可食牧草产量为主要监测指标，可通过连续的动态监测获取地上生物量的数据，研究建立生物量与遥感植被指数，以及草原生态环境各要素（如水、热、光照等）相互关系模型，预测预报天然牧草生产量，在此基础上评估区域草原承载能力，定期发布草畜平衡状况，提出草畜平衡对策。

3. 调控草畜动态平衡

天然草原载畜量受气候条件制约，年际、月际之间牧草产量、牧草营养物质含量等有很大差异，因此需要应用遥感技术结合地面调查的手段对不同年份、不同季节的草原生产力进行动态监测，掌握草原生产力动态变化规律，及时预报牧草长势及适宜载畜量，作为各级领导宏观调控及生产经营者适时出栏，以及近距离调草的科学依据，同时也为"丰年贮草""以丰补歉"等草畜平衡措施提供依据。利用遥感技术，结合与其同步进行的实地调查采样以及GPS技术定位，找出最适宜的植被指数及产草量估算模型，反演草原生产力，进行不同类型天然草原饲草储量及其他来源的饲草饲料储量估算，以不同行政区域为单位，分别统计汇总天然草地、人工草地、农作物秸秆、青贮等饲草饲料储量，适宜养畜量和实际的牲畜头数进行对比，进而做出草畜平衡评价。草畜平衡动态监测改变了过去传统的监测预报方法，在获取冷季适宜出栏率或及早安排草料等信息方面，提供了快速而准确的科学手段，监测结果以国家、省或地区、县等各级农牧业管理部门报告的形式，定期向社会发布，各地采用当年适宜载畜量数据，及早采取草畜平衡措施，通过增草、压缩家畜数量、优化基础母畜、接早春羔等措施，提高畜牧业效益，同时保护了环境。

（二）监测评估草原生态环境

生态环境脆弱、经济社会发展落后、管理方法不合理是造成辽宁省草原生态环境退化的根本原因，生态系统管理方法不当已经或正在导致辽宁省主要草原区生产系统和生态环境的持续退化，监测草原主要生态要素的现状及其变化，包括不同时相的草原水文动态、土壤墒情动态、土壤侵蚀状况，土壤腐殖质层厚度及有机质含量动态，草原沙化退化盐碱化面积，程度及空间分布格局，重点生态区域如风沙源、退牧还草区生态状况，气候及人类活动对草地沙化，退化的影响等，定期提供草原生态环境现状和动态变化信息，实现对环境质量的监控和宏观调控。

1. 掌握草原退化、沙化、盐渍化状况

监测草原退化、沙化、盐渍化状况，可以掌握退化、沙化、盐渍化草原的分布、面积和程度，按不同草原类型、不同退化级别因地制宜地选择植被恢复与重建措施。草原退化简单地说就是草原生态系统的退行性演替。草原大多位于干

旱、半干旱地区，易受自然因素和人为不合理利用的综合影响，草原退化的表现是可食性植物种的密度、盖度、高度及频度等指标降低，植被生产能力下降，土壤有机质含量下降、结构变差，土壤紧实度增加，或出现沙化、盐碱化。以未退化（包括未沙化、盐渍化）草原植被特征与地表状况等指标为对照基准，草原植物群落优势种牧草、可食草种数及产量相对百分数的减少率，退化、沙化、盐渍化指示植物种个体数相对百分数的增加率，土壤0～20cm土层有机质含量相对百分数的减少率，裸地、裸沙、盐碱斑面积占草原面积相对百分数增加率等，作为划分退化、沙化、盐渍化程度的主要监测指标，获取退化、沙化、盐渍化草原的空间分布、面积和程度，定期提供草原退化、沙化、盐渍化动态数据，找出草原退化的影响因素，做出草原退化、沙化、盐渍化发展趋势分析与评估报告，为掌握草原生态状况和有针对性地选用生态修复技术提供基础数据。

2. 监测预警草原灾害

草原自然灾害的防范直接关系农牧民生命财产安全，对突发性灾害要早预测、早准备，做到及时发现、及时上报、及时扑救，努力减少人员伤亡和财产损失，运用全球定位系统、地理信息系统、遥感技术和网络技术等现代信息手段，做好草原灾害动态监测，可提高防灾减灾能力，对自然灾害的受害区域进行适时监测，对灾情损失状况进行科学评估，为最大限度降低草原灾害损失提供依据。不同灾害类型监测和预警的内容有所不同。①雪灾：主要依据雪灾时空分布特点，根据遥感数据掌握发生区域、雪层厚度、面积、程度和动态等雪情指标，结合草情、畜情指标，进行草原雪灾的综合评估，确定成灾等级和预测发展情况。②旱灾：主要监测草原水分供应情况和植被生长状况，结合遥感植被指数，提供旱灾发生的地区、范围、灾情等资料，并对灾情的发展趋势进行预测。③火灾：在草原防火季节，利用遥感手段全天候监测草原火情发生时间、位置、过火面积及预判火势蔓延趋势，为及时布防、扑火、减轻火灾损失提供依据，并对火灾损失进行评估。④鼠、虫害：监测鼠害发生的地点、范围、面积及评估灾情；草原、农田大规模虫灾的灾情调查与跟踪监测，并结合相关因素对其发展趋势进行预测。

3. 评估草原生态建设工程效果

近年来，国家及辽宁省委、省政府加大了草原保护和建设的力度，相继实施了退牧还草工程、草原生态补助奖励政策落实及辽西北草原沙化治理工程等，在草原地区投入规模大、实施时间长的生态建设重大工程。为确保工程建设的质量和成效，使生态工程真正发挥应有的效益，需要及时、准确地掌握工程分布状况及效果，建立工程效益动态监测技术系统，为政府宏观管理和指导、监督和检查，提供可靠的依据；为完善工程措施，指导农牧民生产提供科学措施与方法。

为了全面了解草原保护建设工程实施状况，科学评估工程建设效益，需要在研发基于遥感、模型模拟和地面观测的草原植被变化监测关键技术与系统的基础上，根据草原治理工程的实施范围、目标任务、方法措施，建立一套监测评价指标体系，及时、全面、系统地反映工程实施前后的草原植被与环境变化情况，科学、客观、准确地评价工程实施取得的生态、经济和社会效益。在全国大面积草原生态工程建设现状与效益监测中，通过遥感监测掌握大面积草原建设工程的规模、分布状况；利用空间卫星数据与地面植被同步采样数据的相关性，快速获得实施工程措施前后的植被、土壤等资源及环境状况；指标体系分评价指标和监测指标两部分，监测指标是获得评价指标的基础，评价指标直接参与评价；采用定性和定量评价相结合的办法，对草原生态建设效益进行综合评价。

（三）建立草原基础信息数据库

多年连续动态监测积累了大量草原资源与生态基础信息，为了管理好这些宝贵资料，研究开发草原属性数据库及图形数据库管理软件系统，将各地区野外采集的样点GPS定位数据，通过坐标转换和数据表的链接，形成GIS格式，即具有地理空间位置的点状和面状数据，建立全省草原地理信息系统数据库，包括专业图形、遥感图像、地理要素、野外GPS定位原始样地、野外拍摄照片等；将20世纪80年代草原调查数据及分布图进行矢量化，可以在统一的坐标系统下，与多种图像和图形，包括遥感影地形图、草场类型和土壤类型图、气候插值图等空间数据进行叠加分析。通过系统软件实现输入输出、查询检索、更新等功能，可为今后草原动态监测奠定基础。草原地理信息系统数据库为各级政府制订草原保护建设、畜牧业等规划和决策提供基础依据及技术支持。采用3S技术对草原资源与生态环境进行实时监测，建立空间数据库，能全面、及时、准确地掌握草原资源数、质量现状和生态变化信息等基况，进而分析并评估草原的状况、动态变化以及预测其发展趋势，综合社会经济信息，调查不同尺度上社会对草地功能的需求，使各级政府草地资源监测数据实现全面长期共享，为进一步决策、研究和推广等工作提供数据信息支持，为草原资源可持续利用打下坚实基础。

二、草原监测工作的发展

围绕草原生态保护建设，突出抓好草原监测工作，是当前和今后一个时期草原监测工作的重点，草原监测工作的目标和方向是建立多层次、宽领域和相互印证的监测指标体系，实现科学监测、预警分析、发布信息、指导实践。采取地面监测与遥感、地理信息系统相结合的方法，重点监测草原生产力、植被状况、生态状况、利用状况、灾害状况和保护建设工程效益等。草原监测工作还应该在以下几个发展方向发力。

（一）加快草原监测体系建设

目前辽宁省草原监测体系初步建立，全省40多个县（市、区）成立或明确了草原监测机构，在全省近20个县（市）开展了草原监测工作任务，有一支草原监测工作队伍。但还有较多的市、县级没有草原监测机构，或者没有明确草原监测职能，开展草原监测工作。已建立草原监测的机构也普遍存在起步晚、基础差、底子薄等情况，监测技术队伍整体素质和技术水平还有待提高，设施装备还十分落后。辽宁省草原区草山草坡为主，地形复杂，生态环境脆弱，生产不稳定。大部分草原分布在非季风区，降水量低，"三化"严重，风沙大；无霜期短，自然灾害频繁，在不同的物候期，牧草营养成分差别很大，不同年景生产差异也很大。草原区的经济基础薄弱，交通不发达，农牧民收入不高，交通还很落后。因此，草原监测工作难度很大，获取数据实属不易。从事草原监测工作没有顽强的毅力、科学的精神和健康的体魄是很难完成的。草原监测人员的工作条件也很简陋，有相当一部分地方还处于"一把尺子、一杆秤"的原始水平。大部分基层监测机构缺乏交通工具，一些地方需要租用车辆，有的地方交通不便。另外，当前大多地区开展的草原监测工作，仅限于完成国家每年布置的监测工作任务，满足本地草原畜牧业生产和草原管理决策服务的监测工作开展不足。因此，应当借鉴草原监测工作开展好的地区乃至国外先进经验，进一步完善草原监测组织管理体系、制订科学合理的草原监测体系建设规划是迫在眉睫的首要任务。同时要积极争取有关部门的支持，强化装备，改善工作条件，不断加强监测队伍建设，提高草原监测工作能力。

（二）积极推进草原监测工作科学化、制度化和规范化运行

这是确保草原监测数据科学、准确、权威的保证。要制订可行的监测方案，科学选取和布置监测点，从方法上保证监测点的代表性，从总体上保证样品的代表性，已经确定的监测点，不得随意调整和更换；要准确采集数据，妥善保存原始资料，从源头上保证监测数据的准确性；要及时上报数据，防止工作拖沓，影响工作进度，杜绝随意编造和篡改数据现象；要严格数据核查，对发现的问题要及时整改和纠正；要加强会商协调，逐步提高草原监测数据的权威性。要积极借鉴林业、国土等相关行业的成功经验，完善监测方法，制订操作规范，推进草原监测工作的科学化、制度化和规范化运行。

（三）加强国家级草原固定监测点网络建设

草原固定监测点是草原监测体系中的一个重要的基础环节。通过定期定点长期观测，可以准确获取草原资源与生态的动态变化数据，与卫星遥感结合，搭建起"空地一体化"的草原监测网络。建设完善国家级固定监测点网络建设可大幅提高草原监测工作水平。目前辽宁省建成国家级固定监测点24个，虽然基本覆盖了主要草原区，但是与澳大利亚等发达国家相比，在空间布局、草原类型设置、技术人员水平及设备配置等方面还存在严重不足，固定监测工作没能有效开展，成为制约监测工作发展的一块短板。

（四）丰富监测内容，完善技术平台

目前，草原监测内容还不够丰富，地面监测主要集中于草原植被盖度、高度和生产力等少数指标上，在草原生态状况和生物多样性监测方面还有非常大的潜力，尤其土壤水分、养分，特别是地下水位等相关监测指标，是衡量某项措施的结果是否促进生态系统良性循环或产生恶化影响最主要的、可量化的指标，应该加大投入，积极补充。随着近年来我国经济的快速发展以及技术水平的提高，遥感技术在草原动态信息监控中得到了广泛应用，在当前草原监测中遥感检测技术具有积极意义。采用NDVI仪器进行分析、在大面积监测与预警草原牧草的长势以及休牧植被恢复效果等方面，采用MODIS植被指数与地面GPS地位样点数据，可为相关人员提供准确有效的监测数据。结合地面实测数据与遥感卫星资料方法，相关人员可及时准确地掌握牧草的实际长势状况以及休牧草地的恢复效果，进而便能为当地的实施科学管理提供有效的参考依据。因此，有必要根据需求进一步完善监测内容，同时根据监测内容不断研究改进监测方法，完善技术平台，使监测工作易于操作；同时还要制订严格的数据质量控制方法，保证监测成果科学性、完整性和统一性，不断提高监测业务化运行的效率和质量。

（五）要做好草原监测成果的转化利用

监测成果是草原工作者的劳动结晶，是我们落实草原保护建设各项政策的重要依据，必须用足用好，发挥其效能。要将主要成果向有关领导和部门汇报，将监测的一系列成果在重要媒体上发布宣传，扩大影响，营造良好氛围。草原监测工作涉及多层次、多角度、多环节，需要调动草原系统甚至全行业一切可利用资源，多部门配合完成。要密切配合，积极协作，进一步加强监测机构与科技支撑单位、科研机构、新闻媒体等方面的沟通，促进草原信息资源的有效整合。

第三章　草原监测理论与技术

第一节　草原监测理论

草原监测是运用多种理论、技术，测定、分析和研究草原生态系统对自然或人为作用的反应或反馈效应的综合表征，来判断自然或人为因素对生态系统产生的影响、危害及其变化规律，为草原生态系统的评估、调控和管理提供科学依据。可以说，草原监测是草原生态保护的前提，是草原生态管理的基础，是草原生态法律法规的依据。规范和指导草原监测的重要理论基础可归纳为景观生态学理论、统计学理论和抽样理论。

一、景观生态学理论

景观生态学是由地理学、生态学以及系统论、控制论等多学科交叉、渗透而形成的一门新兴的综合学科，主要研究空间格局和生态过程的相互作用，强调空间异质性、重视尺度性、高度综合性。景观综合、空间结构、宏观动态、区域建设、应用实践是景观生态学的主要特点。景观生态学的概念和理论体系尚在发展和完善，其理论的直接源泉是生态学和地理学，同时在它形成和发展的过程中，汲取了现代科学中的诸多相关理论。其基本理论来自景观、生态和综合系统论3个方面，概括起来主要有生态进化与生态演替、空间分异性与生物多样性、景观异质性与异质共生、岛屿生物地理与空间镶嵌、尺度效应与自然等级组织、生物地球化学与景观地球化学、生态建设与生态区位理论等。

（一）生态进化与生态演替理论

达尔文提出了生物进化论，主要强调生物进化；海克尔提出生态学概念，强调生物与环境的相互关系，开始有了生物与环境协调进化的思想萌芽。应该说，真正的生物与环境共同进化思想属于克里门茨。他的五段演替理论是大时空尺度的生物群落与生态环境共同进化的生态演替进化论，突出了整体、综合、协调、稳定、保护的大生态学观点。坦斯里提出生态系统学说以后，生态学研究重点转向对现实系统形态、结构和功能及系统分析，对于系统的起源和未来研究则重视不够。但就在此时，特罗尔却接受和发展了克里门茨的顶极学说而明确提出景观演替概念。他认为植被的演替，同时也是土壤、土壤水、土壤气候和小气候的演替，这就意味着各种地理因素之间相互作用的连续顺序，换句话说，也就是景观演替。毫无疑问，特罗尔的景观演替思想和克里门茨演替理论不但一致，而且综合单顶极和多顶极理论成果发展了生态演替进化理论。

生态演替进化是景观生态学的一个主导性基础理论，现代景观生态学的许多理论原则如景观可变性、景观稳定性与动态平衡性等，其基础思想都起源于生态演替进化理论，如何深化发展这个理论，是景观生态学基础理论研究中的一个重要课题。

（二）空间分异性与生物多样性理论

空间分异性是一个经典地理学理论，有人称之为地理学第一定律，而生态学也把区域分异作为其3个基本原则之一。生物多样性理论不但是生物进化论概念，而且也是一个生物分布多样化的生物地理学概念。二者不但是相关的，而且有综合发展为一条景观生态学理论原则的趋势。

地理空间分异实质是一个表述分异运动的概念。首先是圈层分异；其次是海陆分异；再次是大陆与大洋的地域分异等。地理学通常把地理分异分为地带性、地区性、区域性、地方性、局部性、微域性等若干级别。生物多样性是适应环境分异性的结果，因此，空间分异性生物多样化是同一运动的不同理论表述。

景观具有空间分异性和生物多样性效应，由此派生出具体的景观生态系统原理，如景观结构功能的相关性，能流、物流和物种流的多样性等。

（三）景观异质性与异质共生理论

景观异质性的理论内涵是景观组分和要素，如基质、镶块体、廊道、动物、植物、生物量、热能、水分、空气、矿质养分等，在景观中总是不均匀分布的。由于生物不断进化，物质和能量不断流动，干扰不断，因此景观永远也达不到同质性的要求。日本学者丸山孙郎从生物共生控制论角度提出了异质共生理论。这个理论认为增加异质性、负熵和信息的正反馈可以解释生物发展过程中的自组织原理。在自然界生存最久的并不是最强壮的生物，而是最能与其他生物共生并能与环境协同进化的生物。因此，异质性和共生性是生态学和社会学整体论的基本原则。

（四）岛屿生物地理与空间镶嵌理论

岛屿生物地理理论是研究岛屿物种组成、数量及其他变化过程中形成的。达尔文考察海岛生物时，就指出海岛物种稀少，成分特殊，变异很大，特化和进化突出。以后的研究进一步注意岛屿面积与物种组成和种群数量的关系，提出了岛屿面积是决定物种数量的最主要因子的论点。1962年，Preston最早提出岛屿理论的数学模型。后来又有不少学者修改和完善了这个模型，并和最小面积概念（空间最小面积、抗性最小面积、繁殖最小面积）结合起来，形成了一个更有方法论意义的理论方法。

所谓景观空间结构，实质上就是镶嵌结构。生态系统学也承认系统结构的镶嵌性，但因强调系统统一性而忽视了镶嵌结构的异质性景观生态学是在强调异质性的基础上表述、解释和应用镶嵌性的。事实上，景观镶嵌结构概念主要来自孤立岛农业区位论和岛屿生物地理研究。但对景观镶嵌结构表述更实在、更直观、更有启发意义的还是岛屿生物地理学研究。

（五）尺度效应与自然等级组织理论

尺度效应是一种客观存在而用尺度表示的限度效应，只讲逻辑而不管尺度，无条件推理和无限度外延，甚至用微观试验结果推论宏观运动和代替宏观规律，这是许多理论悖谬产生的重要哲学根源。有些学者和文献将景观、系统和生态系统等概念简单混同起来，并且泛化到无穷大或无穷小而完全丧失尺度性，往往造成理论的混乱。现代科学研究的一个关键环节就是尺度选择。在科学大综合时代，由于多元多层多次的交叉综合，许多传统学科的边界模糊了。因此，尺度选择对许多学科的再界定具有重要意义。等级组织是一个尺度科学概念，自然等级组织理论有助于研究自然界的数量思维，对于景观生态学研究的尺度选择和景观生态分类具有重要的意义。

（六）生物地球化学与景观地球化学理论

现代化学分支学科中与景观生态学研究关系密切的有环境化学、生物地球化学、景观地球化学和化学生态学等。

B.E.维尔纳茨基创始的生物地球化学主要研究化学元素的生物地球化学循环、平衡、变异以及生物地球化学效应等宏观系统整体化学运动规律。以后派生出水文地球化学、土壤地球化学、环境地球化学等。波雷诺夫进而提出景观地球化学、科瓦尔斯基更进一步提出地球化学生态学，这就为景观生态化学的产生奠定了基础。

景观生态化学理应是景观生态学的重要基础学科在以上相关理论的基础上，综合景观生态学研究实践，景观生态化学日益发挥出自己的影响。

（七）生态建设与生态区位理论

景观生态建设具有更明确的含义，它是指通过对原有景观要素的优化组合或引入新的成分，调整或构造新的景观格局，以增加景观的异质性和稳定性，从而创造出优于原有景观生态系统的经济和生态效益，形成新的高效、和谐的人工—自然景观。

生态区位论和区位生态学是生态规划的重要理论基础。区位本来是一个竞争优势空间或最佳位置的概念，因此区位论乃是一种富有方法论意义的空间竞争选择理论，半个世纪以来一直是占统治地位的经济地理学主流理论。现代区位论还在向宏观和微观两个方向发展，生态区位论和区位生态学就是特殊区位论发展的两个重要微观方向。生态区位论是一种以生态学原理为指导而更好地将生态学、地理学、经济学、系统学方法统一起来重点研究生态规划问题的新型区位论，而区位生态学则是具体研究最佳生态区位、最佳生态方法、最佳生态行为、最佳生态效益的经济地理生态学和生态经济规划学。

从生态规划角度看，所谓生态区位，就是景观组分、生态单元、经济要素和生活要求的最佳生态利用配置；生态规划就是要按生态规律和人类利益统一的要求，贯彻因地制宜、适地适用、适地适产、适地适生、合理布局的原则，通过对环境、资源、交通、产业、技术、人口、管理、资金、市场、效益等生态经济要素的严格生态经济区位分析与综合，来合理进行自然资源的开发利用生产力配置、环境整治和生活安排。

因此，生态规划无疑应该遵守区域原则、生态原则、发展原则、建设原则、优化原则、持续原则、经济原则7项基本原则。现在景观生态学的一个重要任务，就是如何深化景观生态系统空间结构分析与设计而发展生态区位论和区位生态学的理论和方法，进而有效地规划、组织和管理区域生态建设。

二、统计学理论

统计方法论是统计学所特有的基本方法和规律，是草原监测过程中经常用到的基本理论。统计学理论一是用于研究草原生态系统现象总体的综合数量特征。这是由统计学方法论的本质所决定的，草原监测统计工作要收集大量个体或单位的数据资料，并加以综合汇总、统计分析，从而得到反映草原总体的数量特征，说明草原现状、发展变化的规律性。但统计研究也结合典型调查或个案研究，旨在补充和完善对研究对象"质"的分析；二是通过"量"的分析，达到"质的认识。草原监测中统计不是"纯数量"的研究，而要密切联系质的方面来研究草原的数量和质量关系。

草原监测统计学应用历经定性分析—定量分析—定性分析的认识过程，统计分组、设计统计指标、收集整理数据和分析处理数据，从而得到统计分析的结果，这个结果正是对所研究草原的本质的数量化表现。

常用的统计方法论主要有3条。

（一）大量观察法

大量观察就是在统计总体内考察多数个体或观察多数现象，而不是单个现象。从统计学的基本定义中可以看出，统计学的研究目标是在大量观察的基础上，揭示总体数量关系的大数规律（大数规律就是随机现象在大量重复观察中所表现出来的必然规律），人们也称之为统计规律。统计学研究的是随机现象，而随机现象是带有偶然性的，其基本方法就是大量观察法。因为个别观察带有偶然性，所以只有通过大量观察，才能透过偶然看到必然，发现随机现象的大数规律或统计规律。

（二）统计分组法

统计分组就是根据统计研究的需要，按照一定的标志，将研究对象的全体划分为性质不同的若干部分，把属于同一性质的单位集中在一起，把不同性质的单位区别开来，形成各种不同类型组别的一种统计方法。现象的同质性是研究现象数量关系的前提。统计分组的目的，是要按照不同的标志，把统计研究对象的本质特征正确地反映出来，保持组内的同质性和组间的差异性，以便进一步运用各种统计方法，研究总体的数量表现和数量关系。统计分组法在统计研究中占有重要地位，是统计分析的基础，贯穿于统计研究的全过程。

（三）综合指标法

统计研究的客体是由众多具有相同性质的个体单位组成的总体。统计学不是研究空泛的抽象的总体，而总是要指明具体内容或具体项目，将总体在这些内容或项目上的发展水平用数量表现出来，就称之为统计指标。由于统计指标是在总体内各个体数据的基础上综合汇总而得，因此，统计指标也称为综合指标。综合指标既能表示总体某种属性的数量特征，又是进一步进行其他统计分析的基础。

三、抽样理论

地面调查数据在相当长的时间内依然是最直接、最精确和最可靠的信息来源，具有不可替代的地位。由于每年都要进行草原各种调查，如何节约人力物力是个重要问题，这主要通过减少地面工作量来实现。但地面工作量的减少要在保证精度的前提下进行，所以设计科学的抽样方法十分重要。

抽样就是从研究总体中选取一部分代表性样本的方法。例如，我们要研究草原生产力等问题，那么整个草原都是我们的研究对象。但限于研究条件等原因，我们难以对每一个地区的草原进行调查研究，而只能采用一定的方法选取其中的部分样地作为调查研究的对象，这种选择调查研究对象的过程就是抽样。采用抽样法进行的调查就称为抽样调查。抽样调查是最常用的调查研究方法之一，它已被广泛应用到资源调查等多个领域。

抽样对调查研究来说至关重要。在大多数情况下，我们难以对全部的对象做研究，而只能研究其中的一部分。对这部分研究对象的选择就要依靠抽样来完成，如此可以节省研究的成本和时间。但我们的研究又不是停留在所选取的样本本身，而是通过对有代表性的样本的分析来研究总体。故抽样的目的，就是从研究对象总体中抽选一部分作为代表进行调查分析，并根据这一部分样本去推论总体情况。

（一）抽样的基本术语

抽样已发展出了自己的一套专门术语，主要包括以下几种。

1. 总体或抽样总体（population）

总体通常与构成它的元素共同定义，总体是指构成它的所有元素的集合，而元素则是构成总体的最基本单位。在社会研究中，最常见的总体是由社会中的某些个人组成的，这些个人便是构成总体的元素。

2. 样本（sample）

样本与总体相对应，是指用来代表总体的单位，样本实际上是总体中某些单位的子集。样本不是总体，但它应代表总体，以抽样的标准就是让所选择的样本最大限度地代表总体。

3. 抽样单位或抽样元素（sampling unit/ element）

抽样单位或抽样元素是指收集信息的基本单位和进行分析的元素。抽样单位与抽样元素有时是一致的，有时是不一致的。如在简单抽样中，它们是一致的，但在整群或多阶段抽样中，抽样单位是群体，而每个群体单位中又包含许多抽样元素。

4. 参数值与统计值参数值（parameter）

也称总体值，是指反映总体中某变量的特征值。参数值多是理论值，难以具体确定。通常是根据样本的统计值来推论总体的参数值。

统计值（statistic）也称样本值，是指对样本中某变量特征的描述。它通常是实际统计分析的数值。用样本值去推论参数值时，二者是一一对应的。表3-1列出了常见的特征值。

表3-1　常见特征值

定义	参数值	统计值
定义	反映总体特征的指标	反映样本特征的指标
特征值	N（总体数）（总体均值） σ（总体标准差）P（总体成数）	n（样本数）χ（样本均值） s（样本标准差）p（样本成数）

5. 抽样误差（sampling error）

样本统计值与所要推论的总体参数值之间的均差值就称为抽样误差。这是由抽样本身产生的误差，它反映的是样本对总体的表性程度，故又称代表性误差。

6. 置信水平与置信区间（confidence level and interval）

置信水平和置信区间是与抽样误差密切相关的两个概念。置信水平，又称置信度，是指总体参数值落在某一区间内的概率。而置信区间是指在某一置信水平下，用样本统计值推论总体参数值的范围。其大小与误差密切相关，置信区间越大，误差也越大。

（二）抽样类型

草原监测的研究开始于20世纪80—90年代，但监测研究中用到的一些重要技术方法，是一种基于概率理论的常用抽样方法，样本的选取完全随机而定，不受主观意志的影响，能够保证样本的代表性、避免人为干扰和偏差，能对抽样误差进行估计，是最科学、应用最广泛的一种抽样方法，包括等概率抽样和不等概率抽样。最基本的抽样方法有5种。

简单随机抽样也称纯随机抽样，是指按照随机原则从总体单位中直接抽取若干单位组成样本。它是最基本的概率抽样形式，也是其他几种随机抽样方法的基础。

等距随机抽样也称机械随机抽样或系统随机抽样，是指按照一定的间隔，从根据一定的顺序排列起来的总体单位中抽取样本的一种方法。具体做法是，首先将总体各单位按照一定的顺序排列起来，编上序号；其次用总体单位数除以样本单位数得出抽样间隔；最后采取简单随机抽样的方式在第一个抽样间隔内随机抽取一个单位作为第一个样本，再依次按抽样间隔作等距抽样，直到抽取最后一个样本为止。

分层随机抽样也称类型随机抽样，是指首先将调查对象的总体单位按照一定的标准分成各种不同的类别（或组），然后根据各类别（或组）的单位数与总体单位数的比例确定从各类别（或组）中抽取样本的数量，最后按照随机原则从各类（或组）中抽取样本。

整群随机抽样也称聚类抽样，是先把总体分为若干个子群，然后一群一群地抽取作为样本单位。它通常比简单随机抽样和分层随机抽样更实用，像后者那样，也需要将总体分成类群，所不同的是，这些分类标准往往是特殊的。具体做法是，先将各子群体编码，随机抽取分群号码，然后对所抽样本群或组实施调查。因此，整群抽样的单位不是单个的分子，而是成群成组的。凡是被抽到的群或组，其中所有的成员都是被调查的对象。这些群或组可以是一个家庭、一个班级，也可以是一个街道、一个村庄。

分段随机抽样也称多段随机抽样或阶段随机抽样，是一种分阶段从调查对象的总体中抽取样本进行调查的方法。它首先要将总体单位按照一定的标准划分为若干群体，作为抽样的第一级单位；再将第一级单位分为若干小的群体，作为抽样的第二级单位；以此类推，可根据需要分为第三级或第四级单位。然后，按照随机原则从第一级单位中随机抽取若干单位作为第一级单位样本，再从第一级单位样本中随机抽取若干单位作为第二级单位样本，以此类推，直至获得所需要的样本。在实际监测工作中，一个具体的抽样方案大多是5种基本抽样方法的各种形式的组合。

（三）固定样地

为了补充和完善全国草原监测体系，需要对草原资源进行固定综合监测。抽样选取的固定样地具有充分的代表性，可作为数据收集的平台。主要调查样地基本情况、植被情况、土壤、灾害、草原结构和多样性等。设定固定样地是完善草原资源监测体系及提高动态监测效率的必要和有效途径。经过长期调查，积累丰富的固定样地调查材料，通过各种数据分析，能够掌握草原资源现状和动态变化，随时提供满足各种需求的数据成果和资料，为草原管理工作提供科学依据。

建立固定样地监测体系，能大大增加和提高草原资源信息的数量和质量，降低监测成本，达到高效利用的目的。

第二节　草原监测工作的组织开展

一、体系建设

辽宁省草原监理站成立于1985年，草原监测工作从2005年正式起步和启动，全省设立了100个监测样地，基本覆盖主要草原区。2006年至今，每年编制发布年度监测报告，监测流程逐步规范统一，监测工作能力不断提升，形成了一系列草原监测成果，为草原保护、建设和科学发展提供了有力支撑。2018年并入省林业发展服务中心，成立草原保护部，承担草原监测等技术支撑工作。

（一）草原监测队伍日益壮大

经过近20年的实践与摸索，草原监测队伍不断壮大。辽宁省现有市级14个行政区、76个县级行政区，现有省级草原监理机构1个、市级草原监理机构13个，县级草原站47个。近几年来，随着草原监理工作的发展，各地区加强了监理体系建设工作，各地区因地制宜，采取单独建站或一套人马两个牌子的方式来完善草业监理体系。据统计，2016年，全省从事草原工作人员689人，其中从事草原监测工作人员459人，本科学历以上228人。省草原监理站定期组织开展草原监测技术培训班，各级草原监测技术骨干培训人数不断增加，达到1 000多人次，全省从事草原监测工作的技术人员由不足 100人增加到400多人。同时，国家级草原固定监测点建设步伐明显加快，全省已建成24个国家级草原固定监测点。草原监测队伍的不断壮大，为草原监测工作提供强有力支撑，推动草原监测工作实现新跨越。

（二）草原监测内容逐步完善

随着草原监测队伍日益壮大，监测仪器设备、设施装备的改善和加强，草原监测水平不断提高，草原监测内容逐步完善，草原监测样地基本覆盖了全省的主要草原区。草原监测内容逐步全面，不仅涵盖草原资源和草原生产力情况，还包含草原利用、草原火灾、鼠虫灾害、植被长势、工程效益、生态环境状况。同时监测内容还具有时效性。针对不同季节，监测内容不同，对草原生长期开展动态监测，对草原的返青期、生长期长势、枯黄期及降雪情况等开展各项监测，及时掌握草原生产动态，不断扩大草原监测范围，为草原的科学决策和可持续发展提供了基本依据。

（三）草原监测体系仍需健全

经过各级草原部门的努力与探索，草原监测工作稳定开展，虽然取得一些成就，但是草原监测体系仍需进一步健全完善。全省120个样地分布比较集中，辽西地区占比较大，担任草原监测任务的市10个、县17个，尤其机构改革后，草原监测人员队伍变动很大，工作衔接、人员培训等工作亟待捋顺，个别市县草原监测机构设置和人员配置较为薄弱，监测工作条件差，监测设施装备简陋，与草原重要的生态地位和作用不相匹配，难以适应当前繁重的草原监测工作需要。使得草原监测体系布局不合理，缺乏精干的队伍，运转效率低。此外，草原监测体系没有技术支撑单位，不能有效地解决草原监测中遇到的实际技术问题，不能构建草原监测体系，无法全方位获取草原信息，缺乏对草原管理的科学化管理，共同协作完成草原监测最终目标。草原监测体系建设任重道远。

二、草原监测机制逐步成型

辽宁省通过不断完善草原监测技术标准，努力推动固定监测点建设，使草原监测工作流程日益规范化、科学化发展。已初步形成以国家、省主管部门为统筹，科研、教学和推广单位为技术支撑，地方草原监测机构为辅助，统一部署、统一规程、分工明确、密切配合、运行有序、科学规范的草原监测体系，建立一套相对成熟的工作机制。以全国草原监测报送管理系统为平台，依据《全国草原监测技术操作手册》，制订年度草原监测工作方案。统一组织实施监测工作，统一草原监测方法、标准、操作流程，部署任务、技术培训，安排专家进行实地指导，各县报送数据，省、市级草原监理机构对各县通过信息报送管理系统报送的数据审核，省级汇总分析结果会商数据，以及编制发布年度监测报告。监测过程中通过开展技术培训、现场指导，不断提升监测人员的技术水平，确保监测数据和分析结果客观、准确、科学。草原监测新技术、新手段以及信息化平台应用取得了重要进展，极大地提升了草原监测服务水平，为全省草原保护建设提供重要信息支撑和技术指导作用。

辽宁省草原连续15年发布草原监测报告，反映草原年度发展整体情况。每年调查样地120个，入户调查230户，运行维护国家级草原固定监测点24个，获得各类数据近5万个。2019年，拟定的全省草原综合植被盖度任务分解指标，已纳入《生态文明建设目标评价考核办法》和《生态文明建设考核目标体系》。全省各级草原监理机构按时、规范开展各项监测调查工作，汇总分析草原监测数据，为生态文明建设评价、自然资源资产负债表填报、党政主要领导离任审计、草原生态环境评价和草原保护建设效果评估提供数据支撑。

三、草地资源调查相关工作

（一）基本情况

开展草原资源调查，及时掌握草原基本状况和动态变化情况，是保护建设、合理利用草原，以及保护和改善草原生态环境的前提条件，是贯彻落实《中华人民共和国草原法》的具体体现。2017年，按照农业部《全国草地资源清查总体工作方案》（农牧办〔2017〕13号）要求以及畜牧业司和辽宁省草原监理站的指导意见，由辽宁省草原监理站组织中国科学院沈阳应用生态研究所、辽宁大学、沈阳农业大学、沈阳师范大学、辽宁省农业科学院耕作栽培研究所、辽宁省风沙地改良利用研究所共同承担辽宁省国家级半牧县草地植物资源清查项目。辽宁省从草原监测专项中专门安排370万元用于草地资源调查工作。通过各单位的努力，此次工作顺利完成了全面负责草地遥感调查、野外样地调查和内业数据处理等工作，并编制辽宁省国家级半牧县草地资源分布图、项目技术报告、工作报告、数据库等。了解掌握辽宁省国家级半牧县草地资源状况、生态状况和利用状况等方面的本底资料，提高草原精细化管理水平，为落实强牧惠牧政策、严格依法治草和全面深化草原生态文明体制改革提供数据支撑。

1. 制订工作方案

按照农业部要求，2017年完成国家级半牧县的草地资源清查任务，为此，省畜牧局派人于2017年5月参加了农业部培训。制订了《辽宁省草地资源清查工作方案》（以下简称《方案》），内容包括技术路线、任务分工、清查内容及方法、进度安排；规定了工作主要技术指标及技术规范。《方案》于7月4日下发相关市县，明确要求2017年度完成康平、阜蒙、彰武、北票、建平、喀左等6个国家级半牧县的草地资源清查工作。

2. 签订合作协议

为保障清查工作科学推进、按时完成，省草原站联合了中国科学院沈阳应用生态研究生、沈阳农业大学、辽宁大学、沈阳师范大学、辽宁省农业科学院等单位，于5月签订了合作协议，明确任务和工作进度。利用省地理勘探局提供的国情地理数据开展制作专题图、建立数据库等辅助清查工作。

（二）主要工作

1. 外业调查工作

合作的各家单位，组织技术队伍，在7—8月的草原生长盛期，分为8个小组，分别承担6个半牧县的草地清查任务。通过2个多月的调查工作，按照农业部新标准将辽宁省草地分为3个类、19个型，共完成了748个野外样地调查和205户牧户访问，9月初全面完成外业调查工作。

2. 统计分析工作

各技术小组10月底前汇总各项数据，内业专家以样地调查对应时相的中分辨率数据（TM8）为基础，样地数据为依据，通过监督分类方法，获取了草地资源遥感调查分布图；以高分辨率遥感数据和草地资源遥感调查分布图为底图，制作了草地资源分布图；统计各项调查信息数据，建立了草地资源属性数据库。

3. 通报工作进展

为保障清查工作顺利按进度完成，先后组织召开了5次座谈会，2次邀请农业部专家指导。通过研讨，统一各专家组工作标准，通报各组工作进展，解决遇到难题，总结工作成果，清查11月底通过省畜牧局验收。

（三）主要成果

2017年草地资源调查工作主要围绕6个国家级半牧县开展，完全按照进度安排稳步推进。对6个半牧县草地进行了分类和制图，共分出4个类，17个型。在面积统计方面，本次调查中，以1∶50 000草地分布图为基础，计算面积和斑块数（最小图片面积10 000hm²）。

共清查草地面积798.071 4万亩、斑块60 170个，调查牧户205户；分析了6县草原的资源状况、生产状况及利用状况等。制作了草原资源调查软件《草地植物资源调查野外环境协同工作系统》并经知识产权局登记（登记号2017SR670477），制作了专题图，建立了数据库，编制了《2017年度辽宁省草地清查报告》。

四、准备工作

调查研究之初必须明确地面调查的目的、要求、对象、范围、深度、工作时间、参加的人数，所采用的方法及预期所获的成果；对相关学科的资料要收集，如地区的气象资料、地质资料，土壤资料、地貌水文资料、林业、畜牧业以及社会、民族情况等。对调查研究地和对象的前人研究工作要尽可能地收集资料，加以熟悉，甚至是一些片段的、不完全的资料也好，有旅行家札记、县志、地区名录等都可以收集。野外调查设备的准备，海拔表、地质罗盘、GPS、大比例尺地形图、高分辨率遥感现状图、望远镜、照相机、测绳、钢卷尺、植物标本夹、枝剪、手铲、小刀、植物采集记录本，标签，样方记录用的一套表格纸、方格绘图纸、土壤剖面的简易用品等。如果有野外考察汽车、野外充气尼龙帐篷及简易餐具则更好。调查记录表格的准备：①野外植被（灌丛、草地等）调查的样地（样方）记录表。目的在于对所调查的群落生境和群落特点有一个总的记录。②样方调查记录表。对观测样方内的植被特征等详细记录，包括植物种类、高度、盖度及生物量等情况。

第三节　草原监测技术

一、草原监测技术路线

草原监测技术路线包括草原监测实施方案制订、前期相关工作准备、实地监测调查，监测调查数据统计、网上监测数据填报、监测数据审核报送、监测结果分析和监测报告编制等内容。具体技术路线见图3-1。

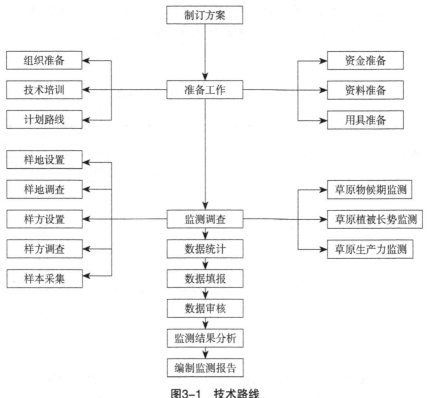

图3-1　技术路线

二、草原监测技术流程

各地草原监测技术流程应符合国家和地方的草原监测技术规范和政策项目要求，按照既定监测技术路线，科学规范开展监测调查工作。在做好前期准备工作之后，按照不同监测项目要求在特定时期开展相应的监测工作。

（一）开展监测样地调查

1. 拍摄样地景观照

在长期定点监测样地上，首先要拍摄样地景观照，照片应清晰，大小1M左右，照片内应体现出样地景观、草原类型、地形地貌等样地基本特征，让他人通过样地照也能看出样地的基本情况，且照片内不应体现人员、车辆、非草原地类等与草原监测内容不相干事物。

2. 观测填写《草原监测样地基本特征调查表》

通过实地观察填写样地编号、调查日期、行政区划、是否具有灌木和高大草本、草地类型、地形地貌等样地基本特征信息。表内信息要填写完整、准确，与样地照对应一致（表3-2）。

表3-2　草原监测样地基本特征调查表

样地号：　　　　　调查日期：　　　　年　月　日　　　　　　　调查人：

样地所在行政区	县（市）　乡（镇）　村（组）		建成时间	
工程类型		补播牧草品种	具有灌木和高大草本	有/无
草 地 类		草 地 型	景观照片编号	
地形地貌	平原（　　）、山地（　　）、丘陵（　　）			
坡　　向	阳坡（　　）、半阳坡（　　）、半阴坡（　　）、阴坡（　　）			
坡　　位	坡顶（　　）、坡上部（　　）、坡中部（　　）、坡下部（　　）、坡脚（　　）			
土壤质地	砾石质（　　）、沙土（　　）、壤土（　　）			
生长季	4月	5月	6月	7月	8月	9月	10月	全年
降水量								

（二）开展监测样方观测

1. 拍摄样方俯视照

在监测样地内随机设置3组样方，每组包括1个描述样方和2个测产样方。先在样地上设置1个描述样方，拍摄样方俯视照。拍照时应在小样方中心点最上方垂直向下或略有角度拍摄，在大样方侧面尽量高处拍摄样方全景。照片应清晰，拍摄内容要包含完整的样方。拍照目的是为了体现出样方内植物种类、植被盖度、植被长势等基本情况，不应出现人影、腿、脚、GPS等影响样方观察的其他事物，让他人通过样方照能清晰无干扰地观察到监测样方基本情况。

2. 观测填写《草原监测样方调查表》

填写样方编号、照片编号、样方定位，观测记录草本半灌木及矮小灌木的植被盖度（％）、植物种数（个）、主要植物名称、平均高度（cm）、产草量（g），观测记录灌木和高大草本的株丛类别、丛径（cm）、丛数（个）、标准重量（g）、平均高度（cm）、植物种数（个）、主要植物名称等监测数据信息。表3-3内信息要填写完整、准确，与样方照对应一致。

表3-3　县（市）草原监测样方调查表

样方编号		照片编号		样方定位		经度　纬度　海拔			样方面积	㎡
草本、半灌木及矮小灌木	样方设置	植被盖度（%）	植物种数	主要植物名称	平均高度（cm）	产草量（g）		平均产草量折算（kg/hm²）		
						鲜重	风干重	鲜重	风干重	
	样方1									
	样方2									
	样方3									
灌木及高大灌木	株丛类别	丛径（cm）	丛数	标准重量（g）	平均高度（cm）	植物种数	主要植物名称	平均产草量折算（kg/hm²）		
								鲜重	风干重	
	大株丛									
	中株丛									
	小株丛									
植被总盖度（%）		总平均高度（cm）		总产草量	鲜重（kg/hm²）		风干重（kg/hm²）			

3. 样本采集

把草本样方和灌木样方剪下来的草样分别放在样品袋中，放入样本标签，在样品袋外标记样方编号。除描述样方外，另剪两个同样的测产样方一并带回风干。

（三）监测调查数据统计

监测调查数据要及时统计整理。每个草原样方要对样方内多个观测数据计算平均盖度、高度、总产草量鲜重、可食产草鲜重、总产草量风干重、可食产草风干重。还要对全县上述植被指标测算总平均值，与往年进行对比，分析数值变化趋势及原因。如果有较大偏差，要分析其具体原因，若可能是人为差错，要实地重测进行校正。

（四）监测调查数据网上填报

各项监测调查审核无误后，要及时在网上填报数据信息，"全国草原监测信息报送管理系统"。各县（市）登录自身账号，在左侧常规监测报送区点击"盛期地面调查""返青期调查""植被长势调查""枯黄期调查"等模块，添加样地样方调查数据和图片。在网页上直接填写信息，填写信息要完整，特别是带*号内容为必填项，必须全部填写，经审核无误后点击上报即可自动报送到上一级草原管理部门。

（五）监测调查数据审核

县级草原监测数据在网上报送后，由省、市级草原管理部门登录管理员账户进行审核。草原监测数据审核要严格进行，对每项监测数据信息的规范化和准确性，结合往年情况和当年草原生长情况进行审核，对有问题的数据信息要与数据报送人员沟通，仍不能确定情况要进行实地复查，确保监测数据规范准确，监测照片清晰有效，监测结果科学合理。

（六）监测结果分析

监测结果分析是在监测数据统计审核后，对当年草原植被生长情况的总体分析，通过分析把监测客观数据转化为直观的监测结论，为草原管理提供基础数据图表和理论依据。各级草原管理部门要把草原植被盖度、高度、产草量、返青期、生长势、枯黄期等各项监测数据用Excel表格分别统计平均值或总和，列竖状图或曲线图，分析数值差异和变化趋势，结合当年和往年气象条件、生产利用、人为干扰等各方面的因素分析变化原因，从而准确把握草原植被资源与生态变化情况，为发布行业信息、草原工作总结和其他报告材料提供数据依据。

（七）编制草原监测报告

对草原监测调查结果统计分析后，需要形成编制成册的本地区年度草原监测报告，系统性展示年度草原监测结果。监测报告应包括封面、编者名录、编制说明、草原监测结果概要、草原植被生长状况、草原综合植被盖度、草原植被高度情况、草原生产水平分析、国家级草原固定监测点动态监测、草原保护治理工程成效、草原生物灾害防治效果、草原生态现状分析、草原监测其他专项、草原监测工作动态、草原监测分析与展望和相应数据说明等信息内容。监测报告通过图片展示、文字描述、图表陈列和专栏介绍等多种形式，以丰富的内容和详实的数据来分项介绍当年草原监测工作开展、监测数据信息、监测结果陈述等，能够直观地为管理草原、关心草原和保护草原的工作者与广大群众提供集中展示图册。

三、样地及样方的选择与布设

样地的选择和样方的布设对于草原监测地面调查获取准确数据非常关键，是对草原定性判断和定量分析的重要前提，其科学合理性尤为重要。

（一）样地选择

草原监测采取抽样统计方式，样地选择的合理性最为重要。因为草原监测样地主要用来体现当地草原的行政区划、地形地貌、草原类型、土壤土质、气象条件和利用状况，要通过合理布局数量有限的监测样地，来最大限度地获取当地草原的全面准确信息。可以按照预先确定的区域和调查路线，综合考虑草原植被分布、面积、利用方式，选择具有代表性的区域作为样地。

样地要求植被生境条件、主要植物种群组成、植被群落结构、利用方式和利用强度等具有相对一致性。样地要能代表本地区的主要草原植被类型，尽可能设在不同的地貌类型上，充分反映不同地势、地形条件下植被生长状况。样地之间要具有空间异质性，每个样地能够控制的最大范围内，地形、植被等条件要具同质性，即地形以及植被生长状况应相似；此外还要考虑交通的便利性。样地控制范围不小于1km。布设灌木监测样地时要考虑灌木密度不要过大，以免缺少连续多年做草本样方的空间。

设置原则是：

（1）样地的选择应能够反映本地区草原植被的区域性特点，对草地类型判断要准确。

（2）监测样地一般应设置在坡中部，并且坡度、坡向和坡位应相对一致。

（3）在隐域性小气候分布的地段，样地设置应位于地段中环境条件相对一致的地区。

（4）对于利用方式及利用强度不一致的草地，应考虑分别设置样地。

（5）样地一般不设置在草地类型过渡带上。

（二）样方布设

样方是能够代表样地信息特征的采样单元，用于获取样地的基本信息。样方设置在选定的样地内，每个样地内至少布设草本及矮小灌木样方3个或灌木及高大草本样方1个。样方在样地内分布不要求一定均匀，但一定是整个样地的缩影，能够反映样地植被整体情况和基本信息。为了获得更接近草原真实的生物量，在被调查的样地，尽量选择未利用的区域做测产样方。对于草原生态保护建设工程项目植被状况调查，在每个项目县至少做3~5组工程区内外的对照样方，不同组的对比样方尽量分布在不同的工程区域。从统计学的要求出发，取样的面积越大，所获的结果越准确，但所费的人力和时间相应增大。取样的目的是为了减少劳动，因此，要使用尽可能小的样方，但同时又要保证试验的准确和达到统计学的要求，样方面积不可能无限制地减少，因而就出现了统计学样方面积的大小取决于草地群落的种类组成、结构特征分布的均匀性以及设置样上的最小面积的概念。

样方面积的大小取决于草地群落的种类组成、结构特征和分布的均匀性以及设置样方的目的与工作内容。最小面积就是能够提供足够的环境空间，能保证体现群落类型的种类组成和结构真实特征的最小地段。不同草地类型的群落其最小面积是不一样的。最小面积可以用不同的方法求得，最常用的是种数—面积曲线法，用种数和面积大小的函数关系确定最小面积

具体方法是开始使用小样方，随后用一组逐渐把面积加倍的样方（巢式样方），逐个登记每个样方中的植物种的总数。以种的数目为纵轴，以样方面积为横轴，绘制种面积曲线。曲线最初急剧上升，而后近水平延伸，并且有时再度上升，好像进入了群落的另一发展阶段。曲线开始平伸的一点就是最小面积，这一点可以从曲线上用肉眼判定，这样的最小面积可以作为样方大小的初步标准。

在一般的情况下，以草本植物组成的草地，样方的面积要比以木本植物为主的草地小些；群落草层低矮、结构简单、分布均匀的草地，样方要小些，反之要大些。用于牧草产量测定的样方面积一般均小于定性样方的面积。以草本植物为主组成的草地，如草甸、草甸草原、典型草原、荒漠草原，样方的面积一般以1m×1m比较合适；在植被盖度较大、分布比较均匀的情况下，从减少工作量考虑也可用1m×0.5m或0.5m×0.5m的样方。在植被稀疏、分布均匀，以生长半灌木为主的荒漠、草原化荒漠草地上测产，可用2m×2m的样方。在植被稀疏并以生长灌木为主，可采用5m×20m或10m×10m的样方。南方的灌草丛和疏林草丛草地，北方的一些带有灌丛的草地也宜用大样方。

（三）取样方式

有样条法、样带法、样圆法、样线法等。样条是样方的变形，即长宽比超过10∶1取样单位呈条状的样方。样条因在一定面积的基础上长度延伸很大，在取样中可更多地体现草地在样条长度延伸方向上的变化，因此适用于研究稀疏，或呈

带状变化的植被。在植物个体大小相差较大时，样条的准确性超过样方。在半荒漠和荒漠，视灌木成分的多少和均匀程度，可用1m宽、20～100m长的样条，重复2～3次测定重量及其他数量特征。

样带是由一系列样方连续、直线排列而构成的带形样地，因此是系统取样的一种形式。样带的长短取决于样方的多少，而样方的多少又取决于研究的对象和重复的多少。样带最适用于生态序列，即植被和生态因子在某一方向上的梯度变化及其相互关系。

样圆法是使用圆形取样面积进行植被分析的方法。同等的面积，圆的边线最短，边际效应最小，理应是最好的取样形状，但是由于在测定重量时它的边界不易严格遵循，而样方却方便得多，因此除了测定频度外，一般不使用样圆。测定草本植物频度的样圆面积规定为$0.1m^2$（直径35.6cm），重复50次。

样线法是以长度代替面积的取样方法，在株丛高大且不郁闭的草地上用以测定盖度和频度较样方法更方便、准确。样线法的具体法是在样地的一侧设一侧线，然后在基线上用随机或系统取样法定出几个测点，以作为样线重复的起点；也可不作基线，直接使用两条平行的或互相垂直的足够长的样线。

四、监测技术标准与信息化

（一）标准化规范化

草原监测数据信息来源于实地调查，实地调查操作的标准化能够统一监测方法，让各地按照一致的监测方法操作，获取可横向对比的监测数据。监测调查规范化操作可以保证监测数据质量，否则即使有统一的监测方法，操作不规范所获取的数据也是不准确的，甚至会产生相反的结果。从2002年以来，国家先后组织制订了《天然草地合理载畜量的计算》（NY/T 635—2002）、《天然草地退化、沙化、盐渍化的分级指标》（GB 19377—2003）、《全国草原资源和生态监测技术规程》（NY/T 1233—2006）、《天然草原等级评定技术规范（NY/T 1579—2007）、《草原分类》（NY/T 2997—2016）、《草地资源调查技术规程》（NY/T 2998—2016）、《全国草原综合植被盖度监测技术规程（试行）》（农牧草便函〔2017〕53号），组织编制了《全国草原监测技术操作手册》和《国家级草原固定监测点监测工作业务手册》。辽宁省组织编制了《辽西北草原沙化治理成效监测技术规程》《草原生态系统服务功能评估规范》，制订了《辽宁省草原监测工作实施方案》。

辽宁省草原监测方法主要依照《全国草原监测技术操作手册》，其中具体说明了开展地面调查所涉及的各项工作，如前期准备、样地设置、样方设置、样地基本特征调查、草本及灌木样方调查、草原保护建设工程效益调查、家畜补饲情况调查、数据报送等内容。保证了辽宁省草原监测规范开展，与全国其他地区草原监测技术方法相统一。辽宁省草原监测数据信息分析方法参照国家和行业各项标准规范，对草原生产力、草原生态状况、草原资源现状和草原合理利用进行科学分析。

（二）信息系统建设

辽宁省通过"全国草原监测信息报送管理系统"平台向国家林业和草原局报送草原监测数据信息，为全国草原监测提供辽宁监测数据。辽宁省还开发了《辽宁省草原资源管理系统》，建立了涵盖草原资源、草原承包经营、人工草地、草原监测和草原灾害防控等信息的数据库，采用了信息模块化、系统化和网络化管理模式，结合农业部的各项信息报送系统，初步完成了草原管理信息化建设，为全面实现草原管理信息化打下了良好的基础。

辽宁省通过草原确权和资源调查建立了草原地理信息和资源属性数据库，结合其他草原工作信息数据，综合运用地理信息、数据库和网络信息技术，采用B/S（Browser/Server，浏览器/服务器）辅以C/S（Client/Server，客户端/服务器）架构，构建了《辽宁省草原资源管理系统》，为辽宁省草原管理提供了系统、高效、便捷和直观的网络信息交互平台。

1. 草原资源管理信息的数据库建立

数字化是信息化建设的前提基础，草原资源管理信息化首先要建立相应的数据库。地图数据库根据辽宁省测绘局提供的1∶1 000 000、1∶250 000和1∶50 000比例尺电子地图数据建立，包括行政区划、草原、道路、河流、山脉、经纬度和高程等数据图层。GPS数据库依据辽宁省草原确权地块的GPS数据建立，GPS数据由全省草原区县（市）草原管理部门技术人员逐一草原地块实地勘测获取。草原属性数据库是根据草原管理现状和长期资源调查数据建立，含有草原管理机构组成、确权草原分布、各块草原承包人、草原类型、植被生长情况、草地退化状况、项目工程信息、监测样地分布、基础统计数据、灾害发生情况、草原改良信息、牧草种子生产和人工草地信息等，并根据关联条件将其与图形数据进行关联。

2. 草原资源管理信息的系统化构建

各数据库建立之后，需要对各项信息数据进行系统化集成。《辽宁省草原资源管理系统》运用Web GIS具有访问范围和应用面广、发布速度快、平台独立以及维护与操作简单等优点。系统构建基于GIS平台，适用于局域网到互联网等多种应用环境，融入了面向服务的Service GIS（服务式GIS）和高性能跨平台的Universal GIS（共相式GIS）技术体系。通过数据分层、图块管理、属性编码和空间索引设计建立空间数据库，然后根据数据流程图的分析，建立概念数据库模式，并将其转换成逻辑数据库模式，进行属性数据库的设计，最后建立空间数据库与属性数据库的连接关系。

3. 草原资源管理信息的模块化设计

各项草原资源管理信息系统化集成后，需要对各项信息数据进行模块化分区管理。《辽宁省草原资源管理系统》共分系统设置、字典管理、用户管理、数据管理、GIS应用、报表管理、文献管理和权限设置8个模块。其中，系统设置模块是可以设置系统的相关基础信息，包括密码修改、日志管理、数据库备份、数据库还原、GIS和属性数据导入/导出等内容的设置；数据字典（下拉列表）是为了便于管理人员数据输入和在系统进行统计分析时提供分类汇总；草原数据管理主要是对数据进行维护，对系统中草原数据进行添加、修改、删除等操作；GIS应用模块是对辽宁省草原地块进行编辑操作及相关应用；报表管理模块是对各项工作报表进行信息交互；文献管理是为了给辽宁省各级草原管理部门提供相关的知识共享。

4. 草原资源管理信息的综合化应用

在C/S用户端，系统管理员登录C/S客户端后，可以对C/S系统中所有用户信息进行管理，还可对数据库进行保存备份。可将全省基础地理数据和GIS空间数据管理引擎建立地理信息数据库，实现草原空间与属性数据库一体化。可以对草原地块进行添加、编辑、删除和查询，并赋予相应的草原属性。在B/S客户端，用户登录B/S客户端可对所选草原地块进行漫游、放大、缩小、测量距离、测量面积、打印地图和删除等操作。可通过平台进行文本、报表、文献和图片的上传、报送、查阅和导出，且对重要行业信息设置了访问权限。

第四节　草原监测实践

一、草原物候期监测

草原物候期监测主要是对草原返青期和草原枯黄期进行监测调查，了解草原植被当年何时返青、何时枯黄，对草原植被生长期进行判断，对不同草原植物的生长期有所了解。

（一）草原返青期调查

草原返青，是指春季气温回升、水分条件适宜时，草原牧草结束休眠开始复苏，地面芽、地下芽萌发或老叶恢复弹性开始生长，植株或草原景观由黄变绿的过程。草原返青期，指草原景观中从少量牧草返青开始到全部牧草返青为止的这段时期。根据返青比例不同，又可将返青期划分为返青初期、返青中期、返青后期。辽宁省草原返青期在4月中下旬至5月上中旬，受气象条件的影响而提早或延迟。草原返青期调查要在草原牧草返青时段赴草原实地开展监测，准确客观掌握草原牧草返青时间早晚、返青面积和比例，评价草原返青状况，对于合理安排草原和畜牧业生产活动、科学管理草原具有重要作用。

1. 草原返青期判断标准

判断草原返青要从单株和景观两个水平上进行观测，单株返青是景观返青的基础。

（1）单株水平。不同种类牧草返青表现不同，以下列出几类主要牧草的返青判断标准。禾本科草类主要是看越冬植株露出心叶，老叶恢复弹性，由黄转青；或由种子萌发的植株第一片叶开始露出地面。豆科牧草主要是看越冬植株的叶子变绿，出现新的小叶，或由种子萌发的植株幼苗出土，两片子叶展开。莎草科牧草主要是看越冬植株从根茎长出幼芽露出地面，出现淡绿色叶片。而杂类草种类多，菊科、藜科、百合科、蔷薇科、伞形科、唇形科等统称为杂类草，杂类草返青判断标准可参考禾本科或豆科。灌木、半灌木主要是看植株花芽凸起，鳞片开裂，叶芽露出鲜嫩的小叶。

（2）景观水平。通过设置样地样方测定样方内植物的返青盖度百分率，用多个样方返青盖度的平均值代表景观内牧草返青比例，以返青比例来判断景观内草原返青的阶段和程度。

$$返青盖度百分率（\%） = \frac{进入返青期的植物盖度}{植物总盖度} \times 100\%$$

返青初期：从牧草开始返青到牧草返青比例达到40%的这段时期为返青初期。

返青中期：草原牧草返青比例处于40%～60%的这段时期为返青中期。

返青后期：草原牧草返青比例超过60%到全部返青的这段时期为返青后期。

2. 地面观测与记录

客观、定量评价草原返青状况，需要在具有代表性的草原景观设置监测样地样方，详细观测记录。

（1）监测时间与频率。根据当地草原牧草返青的一般性规律，选取合适的时段赴草原实地开展返青监测，结合当年气温气象状况适当提前或推迟返青监测时间。条件较好的地区，要尽量在返青之前、返青前期、返青中期、返青后期分别进行监测；草原比较偏远、交通不便的地区要每年至少开展1~2次实地返青监测。

（2）监测内容。返青监测样地区划设置要尽量均匀，各主要草原类型都要设置监测样地。监测样地要相对固定，样地一旦选定不要轻易变动。要与国家级草原固定监测点日常监测工作结合，可在监测点内设置返青监测样地。每个样地至少布设3个样方，测定样方内返青植物盖度和总盖度，计算返青百分率。识别返青牧草的主要种类，观察返青和生长状态。拍摄返青照片，客观记录草原返青状态。每个样地拍摄1张景观照，反映样地全貌特征。每个样方拍摄1张俯视照，反映样地牧草特征。认真填写《草原返青监测调查表》（表3-4），如实记录观测事项，填写监测数据。

表3-4 草原返青监测调查表

调查单位： 　　　　　　　　　　　　　　　　　　　调查人：

调查日期 （　年　月　日）		地点		草原类型	
地貌及利用方式		样地编号		景观照片编号 （注明日期）	
经纬度		海拔（m）			
样方编号	返青率（%）		俯视照片编号（注明日期）		
返青主要牧草种类 （2~3种）					
推算50%返青率日期 （　年　月　日）					
与常年/上年比较 （提前/推迟天数）					
备注：					

（3）推算返青关键时间点。为便于地域间或年际间的分析比较，将样地返青率达到50%的日期作为返青关键时间点。每次实地监测结束后，要根据当时监测到的返青率、结合当时气象状况，按照当地草原植物返青的一般性规律，推算出返青率达到50%的日期，以此作为判断当年草原是否提前或推迟返青的基准。

3. 评价与应用

（1）及时编写草原返青监测报告。野外返青监测工作结束后，要立即整理监测数据和原始资料，对当年草原返青状况做出分析评价，编写草原返青监测报告，为草原行政管理和决策提供参考，为基层生产安排提供指导。

（2）及时上报返青监测数据和信息。承担国家布置返青监测任务的地区，要在每年5月20日前通过"全国草原监测信息报送管理系统"平台报送返青监测数据和信息，以便对全国草原返青形势做出分析判断。

4. 草原返青期调查数据网上报送方法

（1）用户登录。在完成野外实地返青监测工作后，要登录"全国草原监测信息报送管理系统"报送返青期调查数据。登录账户和密码由国家林业和草原局统一分发，登录界面如图3-2。

图3-2　草原信息报送系统登录界面

（2）数据填写。登录后，在左侧"功能导航区"点击"返青期调查"（图3-3），再点击右侧"添加返青期样地"，在弹出窗口填写监测调查信息，其中带*为必填项（图3-4）。其中，"调查日期"要点选下拉日期中确定的返青日期（图3-5）；"海拔"用GPS测定；"经纬度"也是用GPS测定，采用度格式，保留5位小数；"调查人、调查单位、所在区域和乡镇名称"按实际填写；"样地编号"会自动生成；"草地类"和"草地型"从下拉菜单中点选；点选地形地貌；"返青主要牧草种类"填写1~5种；"返青日期"可与"调查日期"一致，"与常年比较"是指与气象条件正常年份草原植被返青期相比对，"与上年比较"要查询上年信息进行比对，点选"提前"或"推迟"，填写天数；点选"利用方式"；备注一定要写明当年返青提前或推迟的影响原因；最后点选添加返青期景观照片，即完成1个返青期监测样地数据添加，再添加3个相关联的样方监测数据和图片（图3-6），审核无误后，点击上报即可。

图3-3　监测信息报送系统登录后界面

图3-4　返青期调查信息填写界面

图3-5　调查日期点选界面

图3-6　返青期调查信息填写完成后界面

（二）草原枯黄期调查

草原枯黄期调查是对草原何时开始休眠进行的调查，是草原植被生长时期监测的最后一项，往往容易被忽视，为了保证监测时期和数据的完整性与持续性，应增加对此重视程度，按期开展相应的调查工作。

1. 调查方法

草原枯黄期调查是与草原返青期调查相对应的草原植被枯黄时期调查，调查方法与返青期调查相似。辽宁省草原植被枯黄期在9月下旬至10月中旬，在此期间结合往年枯黄日期和当年降温与霜降情况，到实地开展调查。一般每县设3个样地，按照当地气候条件南北或东西方向梯次分布，每3天到样地观察一次，到实地做样方，观察样方内草原植物叶片枯黄比例，枯黄植株或枯黄叶片数量占样方内一半时，即可判定为枯黄期，拍摄草原枯黄期样地景观照和样方俯视照。

2. 数据报送

草原枯黄期调查数据报送与返青期调查相似，同样是登录"全国草原监测信息报送管理系统"，登录当地账户，点击左侧"枯黄期调查"和"添加枯黄期样地"（图3-7），填写相应的草原枯黄期调查样地信息和3个关联样方信息，上传1幅样地景观照和3幅样方俯视照（图3-8）。经自审无误后，点击上报完成报送。

图3-7　添加枯黄期调查数据界面　　　　　图3-8　枯黄期调查数据填写完成界面

二、草原植被长势监测

草原植被生长是一个动态变化的过程，每年除对春季草原返青期和秋季草原枯黄期调查，更重要的是开展草原植被长势调查，从而掌握草原植被全年的生长状况。草原植被长势，简单来说，就是草原植被的生长状况和发展态势，具体是指草原植被在某一时间点或一定时间段的生长状况和变化态势，以及未来一段时间内的发展趋势。草原植被长势监测在6月、7月和8月各开展1次，监测样地与返青监测样地和枯黄监测样地相同，便于全年连续监测比对。对同一块样地进行全年监测调查，才能进行系统性比较分析，对草原生长状况和变化情况做出定性定量监测评价，即时掌握草原植被长势，对于合理安排草原生产活动、科学管理草原具有重要作用。

（一）草原植被长势监测基本方法

在影响草原植被长势的诸多因素中，根据与长势的密切关系程度，选取草原生产力、盖度、高度作为监测草原植被长势的核心指标。草原生产力、盖度、高度是常规性的草原监测指标，具体监测方法按照《草原资源与生态监测规程》和《全国草原监测技术操作手册》执行，监测时填写《草原植被长势观测调查表》（表3-5）。为增强数据的可比性和保证计算方法的科学，草原植被长势监测样地区划设置要尽量均匀，各主要草原类型都要设置监测样地；监测样地要相对固定，样地一旦选定不要轻易变动；监测时间要相对固定，6—8月每月20日（前后不超过3天）赴样地开展监测，获取产草量、盖度、高度等数据，记录草原植被生长的直观状态，拍摄反映草原植被生长情况的照片，每年同一时间重复监测。

表3-5　草原植被长势观测调查表

调查单位：　　　　　　　　　　　　　　　　　　　　　　调查人：

调查日期		地点（省、地、县、乡、村）			
样地编号		经纬度		海拔（m）	
草原类型		地貌		坡向及坡位	
利用方式及利用状况		土壤墒情		□干旱、□中等、□湿润（打"√"）（如用仪器测定，可填写数值）	
草原植被长势目测综合评价		□好、□中、□差			
植被平均盖度（%）		平均高度（cm）		平均鲜草产量（kg/hm²）	
定点景观照片编号		俯视照片编号		平均干草产量（kg/hm²）	
备注：					

（二）草原植被长势分析与评价

1. 草原植被长势指数的计算

根据产草量、盖度、高度与草原植被长势的相关密切程度，分别赋予产草量、盖度，高度50%、30%、20%的权重。由于产草量、盖度、高度3个监测指标的计量单位和数量级完全不同，各指标数据不能进行简单加减运算，需要采用比值计算方法来解决这一问题。比值法需要确定对照和基准，把近5年平均或正常年份作为基准期，以基准期监测到的数据作为对照和基准数据。草原植被长势指数，是用于定量反映和评价草原植被生长状况的指数。该指数无法直接监测获取，需要通过监测获取相关指标间接计算得出。为使长势指数看起来更加直观，采用百分制来计算草原植被长势指数，把基准期的草原长势值定为100。在此前提下，草原植被长势指数计算公式表达如下：

$$G = 50 \times Y/Yb + 30 \times C/Cb + 20 \times H/Hb$$

式中：G为某一时段或某一时间点的草原植被长势指数；

Y、C、H分别为某一时段或某一时间点草原的产草量、盖度、高度；

Yb、Cb、Hb分别为基准期的产草量、盖度、高度。

有了某一监测样地在基准期监测得到的产草量、盖度、高度数据，通过当年同一时段在该样地监测获取相应的监测数据，就可以计算出该样地在该时段的草原植被长势指数。

2. 草原植被长势的评价

通过监测和计算出长势指数，就是对草原植被长势做出了定量评价。为便于对长势做出定性评价,需要对长势指数进行分档。按下表对长势指数进行分档,做出好、偏好、持平、偏差、差的5级定性评价(表3-6)。

表3-6   植被长势评价

长势指数 G	$G<85$	$85 \leqslant G<95$	$95 \leqslant G<105$	$105 \leqslant G<115$	$G \geqslant 115$
定性判断	差	偏差	正常	偏好	好

上述方法是建立在草原实地设置样地获取样方监测数据基础上而形成的监测评价方法,因此仅适用于对草原长势的地面监测评价工作,不适用于遥感监测方法,但可对遥感监测评价结果进行印证和校正。本监测评价结果可以直接反应该样地所代表草原的长势情况,但不能准确客观地代表和反映较大区域草原的长势情况。要将该方法推广到区域水平上进行运用,必须对该区域内主要草原类型的长势同时进行监测评价,按各类型草原的面积权重比例赋予相应的长势指数权重,把各类型草原长势指数加权求和,才能计算出区域内草原植被长势指数,进而进行区域尺度水平上的草原植被长势评价。

(三)草原植被长势监测数据网上报送方法

在野外开展草原植被长势监测之后,要及时登录"全国草原监测信息报送管理系统"报送监测数据。同样是登录当地账户,点击左侧功能导航区中的"植被长势调查"和随后在右上角出现"添加植被长势调查",就自动弹出添加植被长势调查数据的弹窗(图3-9),在其中添加相应的监测数据信息,带*项为必填写项。其中,样地基本信息,调查日期同样需要点选为之前的实际调查日期;海拔、经纬度、用GPS测定,海拔可保留整数,经纬度采用度格式,保留5位小数;调查人填写1人以上;调查单位按用户信息自动载入;所在区域也是按用户信息自动填入,乡镇村信息要手动填写完整。样地编号自动形成;草地类和草地型从下拉菜单中点选;地形地貌和坡向、坡位结合样地位置实际情况点选;盖度、高度、平均鲜草产量和平均干草产量按照监测数据填写;利用方式和利用状况按实际情况点选;评价土壤墒情和综合评价按实际观测判定点选;备注可结合气象和利用情况填写;样地景观照片和样方俯视照片按照现场拍照编号选择上传,全部填写完成后,先自行审核一遍,确诊无误后点击上报即可(图3-10)。

图3-9　草原植被长势调查信息填写界面　　　　图3-10　草原植被长势调查填完界面

三、草原生产力监测

　　草原生产力监测也称常规监测，是对草原生产能力和生态水平进行的长期性基础监测。与草原物候期调查和草原植被长势监测不同之处在于采用的是在每年盛期开展1次集中监测，监测地区数量、监测样地数量和监测调查内容都更多、更加全面。草原生产力监测采用样地与样方调查方式，监测方法主要按照《全国草原监测技术操作手册》规范开展，监测内容主要是对全省草原监测样地基本信息和相关联的样方内草原植物群落特征信息进行观测。调查时填写《草原监测样地基本特征调查表》（表3-2）和《草原监测样方调查表》（表3-3），调查时间按当地水热条件，在7月下旬至8月下旬择机开展，尽量在草原植被生长最茂盛的时间进行，以便观测到年度最大值。

（一）样地基本信息

　　草原监测采取抽样调查的方法，每个监测样地就是1个监测调查样本，也是草原监测的1个基本单元。草原监测样地一经确定，应保持长期不变，以便对监测信息进行连续多年的对比分析，防止因样地变化造成监测结果对比分析错误。

　　1. 样地基本信息调查方法

　　样地基本信息采集用图和表相配合形式，即在现场首先要拍摄样地景观照，是对样地基本信息的图像描述，其中应体现样地基本特征的主要元素，与调查表对应一致，让监测信息使用者通过1张样地景观照就能了解到样地的基本情况，对于监测数据审核来说也相当于是1个图像证明。样地景观照应由既懂草原监测业务又善于摄影的人员拍摄，要保证草原监测样地主体鲜明，不宜包含道路、人影、大片树林、耕地等与草原监测无关事物，影像清晰，构图合理，边界明确。样地调查还采用统一的《草原监测样地基本特征调查表》，对样地基本信息具体描述，保证调查信息统一规范完整，现场调查时按照调查表格内容结合实际填写即可。

　　2. 样地基本特征调查表填写方法

　　（1）样地号：以省（区、市）的县（市）为单位，按样地选择顺序依次编号，同一个县（市）内，样地号不得重复。标准编号示例：如辽宁省—朝阳县—盛—1，以此类推。

　　（2）样地所在行政区：标明样地所在省、县、乡、村。

　　（3）草地类型指样地所在区域的草原类型。按中国草地类型分类系统中确定的类和型的名称分别填写。类指大类，如温性草甸草原；型指最基本的分类单元，如温性草甸草原平原丘陵线叶菊形，也可直接写成：线叶菊、贝加尔针茅、羊草（参与命名的优势种植物至少2~3种）。

　　（4）景观照片编号：需要对样地景观照编号，并与对应样地的同名编号。网上系统录入时自动生成。现场调查时记录拍照时间，能够区分对应样地和其景观照片即可。

　　（5）草原保护建设工程记载草原保护建设工程有无、工程类型和建成时间等基本情况，如辽西北草原沙化治理工程、草原生态补奖政策地块、退牧还草工程、生态修复项目地块等。

　　（6）地貌通常分为平原、山地、丘陵、高原、盆地等类型，各种地貌类型的判断依据如下：

　　［平原］地势漫平，高差很小的广阔的平坦地面，海拔一般在200m以下，相对高差在50m左右。

　　［山地］按海拔高度、相对高度和坡度来确定，包括下列情况：海拔>3 000m，在相对高度>1 000m的陡峭山坡；海拔为1 000~3 000m，相对高度为500~1 000m的山坡；海拔为500~1 000m，相对高度200~500m的平缓山坡，与丘陵无明显界线。

　　［丘陵］海拔高度<500m，相对高度<200m，坡度较小。

　　［高原］海拔>200m的平原地貌。

　　［盆地］指周围被山岭环绕，中间地势低平，似盆状地貌。

　　（7）坡向：分为阳坡（坡向向南）、半阳坡（坡向向东南）、半阴坡（坡向西北）、阴坡（坡向向北）。

　　（8）坡位：分坡顶、坡上部、坡中部、坡下部、坡脚。

　　（7）（8）仅在地形为山地或丘陵时填写。

　　（9）土壤质地：土壤的固体部分主要是由许多大小不同的矿物质颗粒组成，矿物质颗粒的大小相差悬殊，且在不同土壤中占有不同的比例，这种大小不同的土粒的比例组合叫土壤质地。一般分为以下几种类型：

〔砾石质〕土壤中砾石含量超过1%时的土壤。

〔沙土〕土壤松散，很难保水，无法用手握成团，用手捏时有很重的沙性感，并发出沙沙声。

〔壤土〕土壤孔隙适当、通透性好、保水性好，湿捏无沙沙声，微有沙性感，用手握成团后容易散开。

〔黏土〕土壤颗粒小、通透性差、水分不易渗透、容易积水，用手握成团后不易散开。

（10）地表特征：主要包括枯落物、覆沙、土壤侵蚀状况等情况，具体判断方法如下：

〔枯落物情况〕主要指地表有无枯枝落叶覆盖。

〔覆沙情况〕主要指由于风积作用使表层土壤从一地移动到另一地后在地表造成的沙土堆积。

〔盐碱斑〕在土壤盐碱化地区，要填写地表有无碱斑和龟裂情况。

〔裸地面积比例〕裸地面积所占比例的估测，主要用于草原退化、沙化、盐渍化、石漠化状况的判别。

〔土壤侵蚀情况〕指由于自然或人为因素而使表层土壤受到破坏的情况。地表有无土壤侵蚀主要通过调查区域是否有植物根系裸露、表层土壤是否移动或流失、有无岛状沙丘、有无雨水冲刷痕迹等判断。

侵蚀原因：一般在降雨量较少的辽西北草原区，有植物根系裸露或表层土壤有移动痕迹为风蚀；坡度在中坡以上地区或低洼地带，有雨水冲刷痕迹为水蚀；居民点、工矿企业附近，地表裸露面积比例较大且地表多沙砾石，一般为人为活动所致；地表多牲畜粪便和有蹄类动物践踏痕迹且地表多沙砾石覆盖、裸地比例较大，植物高度、盖度明显下降，一般为超载过牧所致。侵蚀原因以本地区实际情况判断。

（11）水分条件：主要填写样地所在地区，地表有无季节性水域和当地气象台站记载的年平均降雨量。

（12）利用方式：草原利用方式的具体信息要通过对当地牧民或专业人员的访问获得，主要分为以下几种：

〔全年放牧〕全年放牧利用。

〔冷季放牧〕北方一般指冬季和春季放牧，南方一般指冬季放牧。

〔暖季放牧〕牧草生长季节放牧。

〔春秋放牧〕春季和秋季放牧。

〔禁牧〕全年不放牧。

［打草场］用于刈割的非放牧草地。

（13）利用状况：指草原上家畜放牧和人类活动情况。利用状况以目视和调查为准。

［未利用］指没有被放牧或打草利用的草原。

［轻度利用］放牧较轻，对草地没有造成损害，植被生长发育状况良好。

［合理利用］草原利用合理，草畜基本平衡，植物生长状况优良。

［超载］指草原被过度利用，草原载畜量超过草畜平衡规定，幅度小于30%，草地有退化迹象，群落的高度盖度下降，多年生牧草比例减少。

［严重超载］指草原被重度利用，草原家畜超载幅度大于30%，草原退化现象严重，草群高度盖度明显下降，优良牧草比例明显减少，一年生或者有害植物增加。

（14）综合评价：为便于综合评判草原的质量，本手册将草原质量大体分为以下3个级别。

［好］草原生态系统结构完整，植物种群组成未发生明显变化，植被盖度较高，草原退化、沙化、盐渍化不明显。

［中］草原植被盖度和产草量降低，表土裸露，土壤发生盐渍化。适口性好和不耐踩踏的牧草品种减少，适口性差和耐踩踏的牧草品种增加，主要组成种群为矮化杂草以及耐践踏的灌丛。

［差］植被盖度和产草量明显降低，表土大面积裸露，土壤盐渍化严重。可食牧草几乎消失，主要组成种群为可食性差的牧草及一年生杂草。

现场调查时，样地基本信息从一开始要保证准确，之后也就基本保持不变，然后重点关注的是发生变化的信息，要分析其变化原因，要么是填写错误，要么是发生了客观变化。

3. 样地基本信息网上报送方法

实地开展草原监测样地样方监测之后，要及时登录“全国草原监测信息报送管理系统”报送监测数据。同样是登录当地账户，点击左侧功能导航区中的“盛期地面调查”和随后在右上角出现“添加非工程样地”，就自动弹出添加非工程样地监测数据的弹窗（图3-11），在其中添加相应的监测数据信息，带*项为必填写项。网上填写的监测数据和调查中监测内容是一致的，按照实地调查数据填写并上传相对应的样地景观照即可。此处需要注意的是监测样地即使之后开展了草原工程项目，样地属性也不改变，也不点选“添加工程样地”添加监测数据。

图3-11　盛期地面调查样地信息填写界面

（二）草本及矮小灌木草原样方调查

样地内只有草本、半灌木及矮小灌木植物，按表3-3上半部内容进行调查。布设样方的面积一般为1m²，若样地植被分布呈斑块状或者较为稀疏，应将样方扩大到2～4m²。草本、半灌木及矮小灌木的高度，一般草本为80cm以下、半灌木及矮小灌木为50cm以下（且不形成大株丛）。

1. 样方调查方法

样方调查同样采用图和表相配合形式。即首先要拍摄样方俯视照，通过照片来反映样方内植物生长、种类、植被指数等信息，让照片使用者或监测数据审核人通过照片就能直观地了解样方内植物情况。样方俯视照是指从随机设置的样方上方拍照，拍照主体就是监测样方框及其中的植物，尽量减少样方外的影像，且不体现周边的监测技术人员、其他监测工具，要侧光或逆光拍照，不体现人影。样方俯视照不宜于样方垂直正上方拍照，不利于植物种类识别和体现植物高度，应结合样方内草本植物的高度，以60°～80°为好。拍照之后，现场填写样方调查表，记录各观测指标数据，记录多个观测数据需要取统计平均数的，可先列出各观测数据，回到室内再统计，且可分辨其中的错误数据进行剔除。

2. 样方调查表填写方法

（1）样方编号：指样方在样地中的顺序号，比如辽宁省—朝阳县—盛—1—3，代表辽宁省朝阳县1号样地的第3个样方，同一样地内，样方编号不能重复。

（2）样方面积：填写样方的实际面积，一般为1m²。

（3）样方定位：GPS记载样方的经纬度和海拔高度。经纬度统一用度格式，比如，某样地GPS定位为E 120.34293°，N 41.26847°，A 238m。

（4）样方照片编号：样方俯视照编号要与样方编号相同。网上系统录入时自动生成编号。现场调查时记录拍照时间，能够区分对应样方和其样方照片即可。

（5）植被盖度测定：指样方内各种植物投影覆盖地表面积的百分数。植被盖度测量采用目测法、样线针刺法、样方针刺法和软件观测，可采用多种方法相互比对，也可根据经验采用单一观测方法。

目测法：目测并估计样方内所有植物垂直投影的面积所占样方面积的百分比。

样线针刺法：选择50m或30m刻度样线，每隔一定间距用探针垂直向下刺，若有植物，记作1，无则记作0，然后计算其出现频率，即盖度。

样方针刺法：在1m²样方内横竖每10cm钉结一根线，横竖线交叉加边框刻度共形成100个结点，用针刺每一个结点，每刺中一次记作1，否则记0，然后计算刺中频率，即盖度。

盖度观测软件：采用手机App草原盖度观测软件通过拍照自动计算盖度，或采用红外光谱观测仪拍照，再通过相关联的软件计算盖度。

（6）草群平均高度：测量样方内大多数植物枝条或草层叶片集中分布的平均自然高度。

（7）植物种数：样方内所有植物种的数量。

（8）主要植物种名：填写样方内优势种或群落的建群种的规范中文名称、优良牧草种类（饲用评价为优等、良等的植物）。

（9）毒害草种数：样方内对家畜有毒、有害的植物种数量。

（10）主要毒害草名称：样方内对家畜有毒、有害的主要植物的规范中文名称。

（11）产草量：测定总产草量是指样方内草的地上生物量。通常以植被生长盛期（花期或抽穗期）的产量为准。

［剪割］对草本、半灌木及高大草本，样方内植物齐地面剪割。矮小灌木及灌木只剪割当年枝条。

［鲜重］将割下的植物按照可食产草量和总产草量分别测定鲜重。可食草产量是总产草量减去毒害草产量。

［风干重］风干重是指植物经一定时间的自然风干后，其重量基本稳定时的重量。可将鲜草按可食用和不可食分别装袋，并标明样品的所属样地及样方号、种类组成、样品鲜重，待自然风干后再测其风干重。根据风干重可以推算该草地植物的重量干鲜比。

［产草量折算］将样方内鲜草总产量和可食鲜草产量折算为单位面积内的产量，并按照干鲜比，分别折算单位面积的风干重。单位用kg/hm²。

3. 样方监测信息网上报送方法

实地开展草原监测样地样方监测之后，要及时登录"全国草原监测信息报送管理系统"报送监测数据。同样是登录当地账户，点击左侧功能导航区中的"盛期地面调查"和随后在右上角出现"添加非工程样地"，先添加非工程样地监测数据，再添加相关联的3个样方监测数据信息，带*项为必填写项（图3-12）。网上填写的监测数据和调查表中监测内容是一致的，按照实地调查数据填写并上传相对应的样方俯视照即可。监测样方最后平均数据是自动统计计算的，单位也自动换算，不用自行计算。现场调查表格也可根据网上计算结果填写最后平均数据，不用技术人员自己计算填写。现场调查纸质表格数据结果要与网上填报数据保持一致，以备审计核查。

图3-12　草原监测草本样方监测数据填完界面

（三）具有灌木及高大草本植物草原样方调查

样地内具有灌木及高大草本植物，且数量较多或分布较为均匀，则按表3-3全部内容进行调查，布设样方的面积为100m²。高大草本的高度一般为80cm以上，灌木高度一般在50cm以上。这些植物通常形成大的株丛，有坚硬而家畜不能直接采食的枝条。如果灌木或高大草本在视野范围内呈零星或者稀疏分布，不能构成灌木或高大草本层时，可忽略不计，只调查草本、半灌木及矮小灌木。

1. 样方调查方法

灌木样方调查同样采用图和表相配合形式。即首先要拍摄样方照，通过照片来反映样方内灌木植物和草本植物生长、种类、植被指数等信息。灌木样方照重点是怎样把样方照全，即照片要包含整个100m²的样方，样方边界要清晰，能从照片中分清样方边界在哪里。虽然是大样方照，同样不宜体现树林、耕地、车辆等与草原监测无关的景物，如果是由技术人员来站立固定样方边线，是可以把技术人员拍入的，最好是能把样方边线固定住，不体现技术人员影像。拍照时采用要侧光为好，拍照角度则尽量大一点，以体现样方内全部植物为宜。拍照之后，现场填写样方调查表，记录各观测指标数据，记录多个观测数据需要取统计平均数的，也可先在表中列出各观测数据，回到室内再统计。

2. 样方调查表填写方法

在以灌木植物为主的草原监测样地上，要同时兼顾灌木和草本植物进行监测，要做一个10m×10m的大样方，在大样方中观测灌木植物指标，还要在其中做3个1m²的小样方来观测草本植物指标。

（1）记录灌丛名称：分别记录各种类灌木植物名称。

（2）株丛数量测量：记载100m²样方内灌木和高大草本株丛的数量。先将样方内灌木或高大草本按照冠幅直径的大小划分为大、中、小三类（当样地中灌丛大小较为均一，冠幅直径相差不足10%～20%时，可以不分类，也可以只分为大、小两类），并分别记数。

（3）丛径测量：分别选取有代表性的大、中、小标准株各1丛，测量其丛径（冠幅直径）。

（4）灌木及高大草本覆盖面积：

某种灌木覆盖面积=该灌木大株丛面积（1株）×大株丛数+中株丛面积（1株）×中株丛数+小株丛面积（1株）×小株丛数。

灌木覆盖总面积=各类灌木覆盖面积之和。

（5）灌木及高大草本产草量计算：分别剪取样方内某一灌木及高大草本大、中、小标准株丛的当年枝条并称重，得到该灌木及高大草本大、中、小株丛标准重量，然后将大、中、小株丛标准重量分别乘以各自的株丛数，再相加即为该灌木及高大草本的产草量（鲜重）。将一定比例的鲜草装袋，并标明样品的所属样地及样方号、种类组成、样品鲜重、样品占全部鲜重的比例等，待自然风干后再测其风干重。将样方（100m²）内的所有灌木和高大草本的产草量鲜重和干重汇总得到总灌木或高大草本产草量，并分别折算成单位面积的重量，填入表3-3。

实际操作时，可视株形的大小只剪一株的1/3或1/2称重，然后折算为1株的鲜重。

（6）样方（100m²）内总产草量：样方内总产草量包括草本、半灌木及矮小灌木重量、灌木及高大草本重量，折合成每公顷的产草量。

总产草量=草本、半灌木及矮小灌木产草量折算×（100-灌木覆盖面积）/100+灌木及高大草本产草量折算合计。

（7）草本样方：观测记录3个草本小样方的盖度、高度、产量、植物种数、植物种类等数据，拍摄样方俯视照。

3. 灌木样方监测信息网上报送方法

实地开展完成草原监测样地样方监测之后，要登录"全国草原监测信息报送管理系统"报送监测数据。同样是登录当地账户,点击左侧功能导航区中的"盛期地面调查"和随后在右上角出现"添加非工程样地",先添加非工程样地监测数据。此时需要注意,在"是否有高大灌木草本植物"选项时选是,草原类也要选择暖性灌草丛类,再添加相关联的1个灌木样方监测数据信息,带*项同样为必填写项(图3-13)。网上填写的监测数据和调查表中监测内容是一致的,将实地调查的3个草本样方数据和灌木样方数据填写并上传相对应的样方照即可。监测样方最后总的平均数据是自动统计计算的,包括植株平均高度、总盖度、总产量等,单位也自动换算,只把观测数据填入,各项统计平均数据不用自行计算。现场调查表格也应根据网上计算结果填写最后统计平均数据,不用技术人员自己计算。另现场调查纸质表格数据结果同样要与网上填报数据保持一致,以备审计核查。

图3-13 草原监测灌木样方监测数据填完界面

四、草原工程效益监测

(一)技术路线

辽宁省草原保护建设工程效益监测工作主要按照《全国草原监测技术操作手册》第七项的"草原保护建设工程效益调查"开展。该项调查的目的是分析、评价草原保护建设工程实施后,项目工程区草原植被变化情况。

(二)技术流程

1. 摸清情况

对本省(区、市)实施草原保护建设工程项目的情况进行详细摸底,掌握工程实施县(旗)的工程名称、面积、分布、建设时间、工程措施、投资情况等情况。

2. 样方编号和照片编号

例如，辽宁阜蒙—退—01—内和辽宁阜蒙—退—01—外，表示辽宁省阜蒙县退牧还草工程区内外第一组对照样方。样方编号和照片编号要一致。

3. 地面调查

在每个项目县（旗）的每一个工程项目内至少做2~3组（退牧还草项目做3~5组）工程区内、外对照样方，即每组包括工程区内的样方和工程区外基本等距地点的对照样方，并且每个对照组的工程区外样方应尽可能选在与工程实施前草原植被等状况基本一致的地段。不同组的工程区内、外对照样方应尽量分布在不同的工程区域内外，应能实事求是地反映项目工程的生态和经济效益。

（三）主要实施工程

1. 辽西北草原沙化治理成效监测

由义县、彰武县、阜蒙县、北票市、凌源市、朝阳县、建平县、喀左县和建昌县等9个辽西北草原沙化治理工程县（市）于草原植被生长盛期开展此项监测工作。各县（市）在工程区和对照区分别进行样地样方观测，拍摄各样地景观照、样方俯视照和工程效果照。监测方法按照《辽西北草原沙化治理工程效果监测技术规程》。

2. 草原生态补奖政策实施成效监测

落实草原生态补奖政策的阜蒙县、彰武县、北票市、喀左县和建平县5个县（市），于草原植被生长盛期开展此项监测工作，观测方法参照常规监测方法。对草原禁牧区开展样地样方定期、定点观测。每县10个样地，样地位置长期不变。拍摄各样地景观照、样方俯视照和政策效果照。监测区域重叠时，可与草原沙化治理工程成效监测相结合。

3. 草原生态修复工程效益监测

国家要求开展草原生态修复工程效益监测，从2020年起义县、阜蒙县、彰武县、北票市、凌源市、朝阳县、喀左县、建平县和建昌县等9个工程县（市）参照《辽西北草原沙化治理工程效果监测技术规程》监测方法开展监测，评估生态修复工程效益。

（四）辽西北草原沙化治理工程效果监测技术规程

1. 监测内容

调查工程区和对照区草原样地基本特征，观测草原植被盖度、平均高度、产草量、种类变化情况，采集反映植被生长状况的影像资料。

2.监测方法

在GPS定位的基础上，选择典型样地，在样地内设置样方，对工程区和对照区定点、定时监测，获取草原植被盖度、平均高度、产草量指标变化数据，计数植物种数和新增植物名称，统计分析草原沙化治理效果。

3.样地设置

在工程区和对照区设置样地时要求植被生境条件、植物种类组成和植被生长状况等具有相对一致性，辽西北草原沙化治理一期、二期工程地块按年度每5万亩设置1个监测样地。

4.样方设置

样方设置要兼顾代表性和随机性。每个样地在工程区和对照区分别设置3组草本样方（每个样方含1个描述和测产样方、2个测产样方），样方间隔不少于50m或1组灌木样方，不做重复。

5.样方种类

（1）草本及矮小灌木样方。样地内只有草本及矮小灌木植物时，布设样方的面积一般1m^2，若样地植被分布呈斑块状或者较为稀疏，可将样方扩大到2～4m^2。草本及矮小灌木的高度一般为草本80cm以下、半灌木及矮小灌木50cm以下，且不形成大株丛。

（2）具有灌木及高大草本植物样方。样地内具有灌木及高大草本植物，且数量较多或分布较为均匀，布设样方的面积为100m^2。样方可为正方形（10m×10m）、长方形（20m×5m）和圆形（半径5.65m）。高大草本的高度一般为80cm以上，灌木高度一般在50cm以上。

6.样地调查（表3-3）

（1）样地编号。按工程县（市、区）—样地依次编号，不得重复，如：建平—01。

（2）草地类型。

草地类。按照植物群落分类法，工程区草地类主要有温性草原类、温性草甸草原类、暖性草丛类、暖性灌草丛类。

草地型。由1～3个植物优势种组成，命名方式如：荆条+兴安胡枝子型，羊胡苔草+黄背草+杂类草型。

（3）照片编号。每个样地监测时至少拍摄1张景观照片，并进行对应编号。

（4）GPS定位。用GPS定位样地的经纬度和海拔高度，经纬度统一用度分格式，如某样地GPS定位为E119° 26.293′，N 42° 15.525′，A990m。

7. 草本及矮小灌木草原样方调查（表3-5）

（1）样方编号。指样方在样地中的顺序号，按工程县（市、区）—样地—样方依次编号，如建平—01—1，不得重复。

（2）样方照片。至少拍摄1张俯视照、1张周围景观照片，并进行对应编号；俯视照是指样方的垂直照，周围景观照是指反映样方周围特征的景物的照片，编号要反映所属样地号及样方号。

（3）植被盖度测定。指样方内所有植物的垂直投影面积占样方面积的百分比。植被盖度测量采用目测法或样线针刺法。

目测法：目测并估计1m²内所有植物垂直投影的面积。

样线针刺法：选择50m或30m刻度样线，每隔一定间距用探针垂直向下刺，若有植物，记作1，无则记作0，然后计算其出现频率，即盖度。

（4）草群平均高度。测量样方内大多数植物枝条或草层叶片集中分布的平均自然高度，单位为cm。

（5）植物种数。样方内所有植物种的数量。

（6）植物种类。样方内主要的优势植物种类。

（7）产草量测定。是指样方内植物地上部分的风干重，通常以植被物生长盛期的产量为准，单位为kg/hm²。

将样方内植物齐地面剪割，测定鲜重；将鲜草装袋，并标明样品的样方号、鲜重，待自然风干使其重量基本稳定后再测其风干重。

8. 具有灌木及高大草本植物草原样方调查

在100m²的样方内随机设置3个1m²草本样方，测定内容和方法同上；灌木按照冠幅直径的大小划分为大、中、小三类（当样地中灌丛大小较为均一，可以不分类，也可以只分为大、小两类），分别记数，剪取不同株型当年生长枝条并称重。装入样品袋，并标明样方号，待自然风干后测量风干重，计算样方总重（表3-3）。

样方（100m²）总产草量=草本及矮小灌木产草量×（100-灌木盖度）/100+灌木及高大草本产草量。

灌木及高大草本盖度=大株丛面积（1株）×大株丛数+中株丛面积（1株）×中株丛数+小株丛面积（1株）×小株丛数。

（1）产草量折算：

公顷产草量（kg/hm²）=样方产草量（kg）×10 000/样方面积（m²）。

（2）监测时间：每年8月20—30日分别测定植被盖度、平均高度、产草量和植物种数。

（3）影像采集：

①工程成效景观照。拍摄能够体现沙化治理工程效果的景观照片每县（市、区）不少于10张，展现草原沙化治理后的宏观效果。

②成效对比照。每县（市、区）选择2个以上样地，拍摄同一地点（坐标点）、同一角度、同一视野（参照背景明显）、不同月份（6月、8月）和年份的对比照。

③围栏内外景观对比照。每县（市、区）拍摄草原沙化治理围栏内外植被对比照不少于10张，照片应体现围栏及其内外的植被状况。

④监测工作照。每县（市、区）拍摄监测工作场景照10张。

⑤照片拍摄要求。照片拍摄应画面清晰、主题明确、内容完整、对比明显、主体突出、角度适宜、没有杂物。

（4）工程评价。对工程项目建设前后植物高度、盖度、产草量和植物种数的变化情况，项目建设产生的生态效益和经济效益等进行客观评价。

（5）资料留存。将各年度的全部监测文字资料和影像资料及时整理存档，专人专项负责，妥善保存。

（五）工程效益评价

为掌握草原保护建设工程成效和政策效果，需要及时开展监测与评价工作，以便优化工程措施，完善草原保护政策。草原保护建设工程效益监测与评价在一般工程效益评价原则基础上，有其特殊性。一是以生态效益监测评价为重点，草原保护建设工程的主要目标是保护、恢复草原生态，因而监测评价首先是生态效益，其次是经济效益再后是社会效益；二是以遥感监测手段为主，草原保护建设工程实施面积大，植被与土壤动态受气候影响多，需要实现快速、及时的大面积监测，遥感是首选的手段；三是要注重全局性，对涉及范围广、实施省区多的工程措施进行监测，避免因局部地区小气候、立地条件等因素，影响对各项工程措施效益的准确评价。

1. 退牧还草工程效益评价

退牧还草工程的主要措施有围栏禁牧、围栏休牧、季节性划区轮牧、补播、棚舍建设、饲料地建设等。其中，草原围栏禁牧、围栏休牧、季节性划区轮牧措施是通过休养生息促进自然恢复，减轻草原放牧压力，保护草原；补播、棚舍建设、饲料地建设等措施是通过人工干预的方法加大饲草供应量，解决满足禁牧休牧后饲草短缺问题，促进天然草原恢复和草畜系统可持续生产。退牧还草工程效益监测的主要任务是开展不同工程措施植被与土壤地面监测，分析工程区内外和工程实施前后植被、土壤变化情况，对比分析不同措施生态恢复效果，评估工程生态、经济和社会效益。

退牧还草工程监测的技术流程包括相关资料收集分析，地面样地监测，入户调查、不同措施工程区内外、工程实施前后的植被盖度、植被高度、地上生物量、可食牧草比例、退化指示植物、建群优良植物、土壤质量等指标提取，生物量、盖度等估算模型构建、退化等级、健康指数、增加的牧草产值等评价指标的计算，生态、经济、社会效益综合分析。

指导各项目县完成2015年人工种草实施方案和2016年退牧还草工程方案，制订了《工程管护资金使用办法》。全年累计开展生态项目督查指导4次，确保生态建设项目管护督查到位。对2015年度国家退牧还草工程进行全面核查。完成国家退牧还草工程任务6万亩，涉及23个乡镇30个地块，高质量完成农业部下达的建设任务。

2. 草原补奖政策效益评价

（1）基本情况。辽宁省第一轮草原补奖政策从2012年开始在阜蒙县、彰武县、建平县、喀左县、北票市和康平县等6个国家级半农半牧县组织实施。通过大力宣传草原法规和补奖政策，耐心解答农牧户疑问，用心协调补贴发放纠纷，公示全部补贴信息、稳妥发放补贴资金。在第一轮草原补奖政策实施的4年中，756万亩草原植被得以休养生息，给草原承包户发放禁牧补贴累计达1.73亿元，给涉及的10.49万农牧户发放生产资料补贴累计达2亿元，人工草地以项目统筹方式建设面积442万亩，投入建设资金2.21亿元。2016年第二轮草原补奖政策，辽宁省落实禁牧草原面积500.6万亩。

（2）效益评价。草原生态保护补奖政策在辽宁省实施以来，有效地推动了草原生态保护与建设进程，有力地促进草原生态环境改善，促进了生态保护与生产生活和谐可持续发展。

①生态效益评价。阜蒙县、彰武县、建平县、喀左县、北票市等5县（市）实施草原生态补奖政策，有效地推动了草原生态保护与建设进程，有力地促进了生态保护与生产生活和谐可持续发展。通过实施草原生态补奖政策，2016年对政策的一期实施后监测结果表明草原生态各项指标均有明显提高。植被盖度达到63%，平均增长24.4个百分点；植被高度达到45.04cm，平均提高14.94cm；植被生物量为1 518.18kg/hm^2，平均提高了49.75%；植物多样性Simpson指数（D）为0.84，平均提高0.12。草原地表植被覆盖度增加，裸地面积减少，直接减少了沙土扬尘和水土流失。植被高度和生物量的增加，提高了草地涵养水源、净化空气能力。生物多样性指数的提高，增加了生态稳定性，有利于生态环境安全的保持。

实施草原补奖政策植被盖度变化。如图3-14所示，5县实施草原补奖政策5年后植被盖度达到63%，平均增长24.4个百分点，其中北票增长量最高，增长了35个百分点。

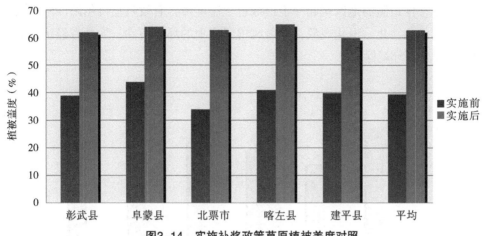

图3-14 实施补奖政策草原植被盖度对照

实施草原补奖政策植被高度变化。如图3-15所示，5县实施草原补奖政策后植被高度达到45.04cm，平均提高14.94cm。

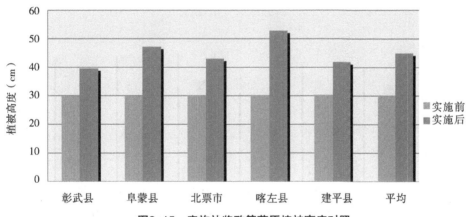

图3-15 实施补奖政策草原植被高度对照

实施草原补奖政策植被生物量变化。如图3-16所示，5县实施草原补奖政策后植被生物量为1 518.18kg/hm²，平均提高了49.75%。

实施草原补奖政策植物多样性变化。如图3-17所示，5县实施草原补奖政策后植物多样性Simpson指数（D）为0.84，平均提高0.12。

Shan non-Winer指数（H'）为1.97，平均提高0.41（图3-18）。

草原地表植被覆盖度增加，裸地面积减少，直接减少了沙土扬尘和水土流失。植被高度和生物量的增加，提高了草地涵养水源、净化空气能力。生物多样性指数的提高，增加了生态稳定性，有利于生态环境安全的保持。

②社会效益评估。为社会发展提供环境保障。通过实施草原补奖政策，在辽

宁省生态条件最脆弱地区筑起一道道绿色生态屏障，有效阻止科尔沁沙地南侵，有效遏制耕地沙化、退化现象，显著改善了当地的环境条件，为全省经济社会快速发展奠定了环境保障。

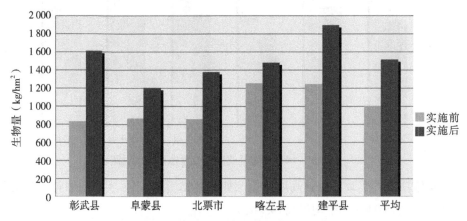

图3-16　实施补奖政策草原植被生物量对照

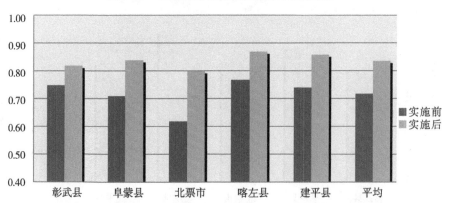

图3-17　实施补奖政策草原植被多样性Simposon指数对照

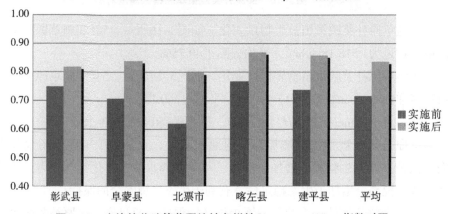

图3-18　实施补奖政策草原植被多样性Shan non-Winer指数对照

为农牧户生活藏粮于草地。辽宁省草原补奖政策落实地区，随着草原生态功能的加强，控制了风沙的侵蚀，每年减少耕地损失8 000亩，相当于每年增产4 000t玉米；同时随着每年草原产草量的增加，可增加30万个羊单位的饲养量，增产羊肉5 400t，按照市场价格和肉料比折算，可折算为43 000t玉米；上述两项合计，相当于通过提高草原生产潜力，每年多生产48 000t玉米，5年共计240 000t，间接实现藏粮于草地。

转变草食畜牧业发展方式。辽宁省为半农半牧区，适宜于草食家畜的育肥，通过草原补奖政策的实施，促进低效散养向小区规模化养殖转型升级，增加了就业机会，吸纳了农村剩余劳动力，促进了畜牧业产业结构的优化布局，对于推动畜牧产业化、带动贫困地区致富、发展县域经济具有重要意义。

3. 辽西北草原综合治理技术工程效益评价

（1）基本情况。辽西北草原沙化治理工程是辽宁省2009—2015年开展的重大草原治理项目，通过工程补播、围栏封育、鼠虫害防治等措施，综合治理沙化、退化草原46万hm²，覆盖了全省主要生态脆弱区，对当地生态环境改善起到了重要的支撑作用。

（2）效益评价。辽宁省持续对辽西北草原沙化治理区和对照区开展监测，分析治理成效。

①生态效益评价。草原沙化治理区植被盖度分析。2019年治理区草原植被综合平均盖度为70.24%，同比提高5.2个百分点，比对照区高23.85个百分点。义县、凌源市、朝阳县和北票市治理区盖度较高，均超过了70%，其他治理区在65%左右，相差不大；各县（市）治理区盖度均高于对照区，比对照区提高较多的为阜蒙县、彰武县、建昌县和建平县，均超过了30个百分点。从治理第三年开始，治理区综合平均盖度均高于65%，虽然略有波动，但已基本保持动态稳定（图3-19、图3-20）。

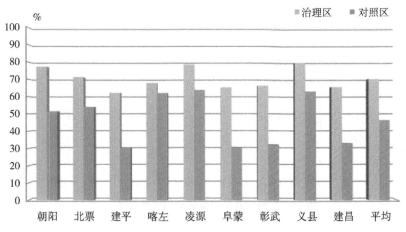

图3-19 治理区草原植被综合平均盖度对照

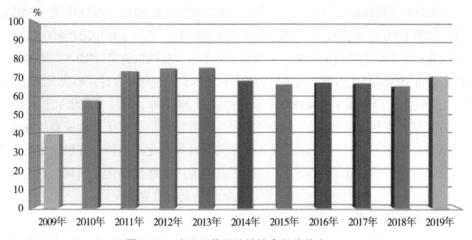

图3-20　治理区草原植被综合平均盖度

　　草原沙化治理区植被高度。2019年治理区草原植被平均高度为45.38cm，同比提高0.58cm，高于对照区17.34cm。各县（市）治理区高度差异明显，其中喀左县和朝阳县平均高度超过60cm，建昌县、凌源市和义县超过40cm，其他治理区在30～40cm；多数治理区平均高度比对照区提高20cm左右。从治理第三年开始，治理区综合平均高度均高于43cm，比对照区提高18cm左右，总体基本平稳（图3-21、图3-22）。

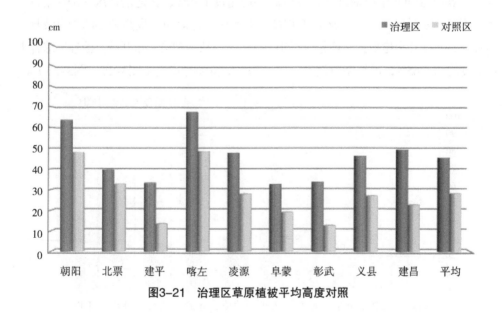

图3-21　治理区草原植被平均高度对照

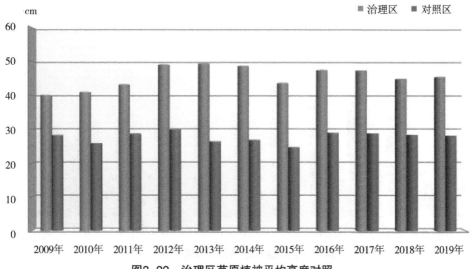

图3-22　治理区草原植被平均高度对照

草原沙化治理区产草量。2019年治理区草原植被平均干草产量为2 220.49kg/hm²，同比提高110.72kg/hm²，高于对照区764.41kg/hm²。各县（市）治理区干草产量差异较大，其中朝阳县和喀左县较高，均超过了3 500kg/hm²，阜蒙县和建平县低于2 000kg/hm²，其他治理区处于平均水平；比对照区提高较多的是建昌县和彰武县，分别提高了2 037.17kg/hm²和1 984.93kg/hm²。从治理第二年开始，工程区平均干草产量均高于2 000kg/hm²，保持平稳（图3-23、图3-24）。

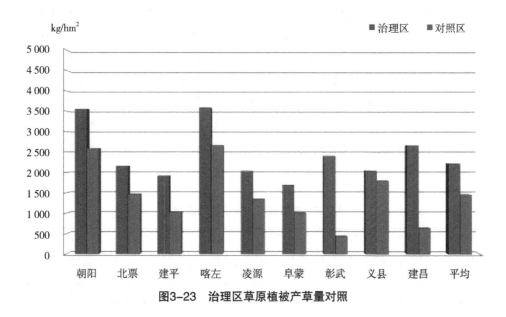

图3-23　治理区草原植被产草量对照

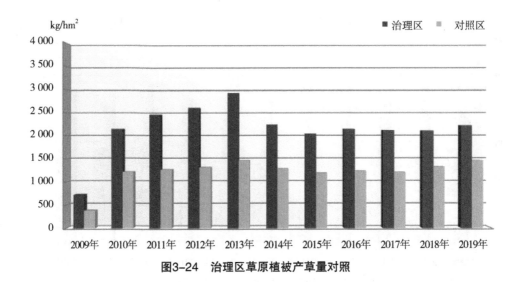

图3-24　治理区草原植被产草量对照

②生态效益分析。据监测，辽西北草原沙化治理工程46万hm²任务完成后，大部分项目区平均植被盖度达到50%，部分地块超过70%，平均植被高度40cm以上，随着项目区草原植被的迅速恢复，沿辽蒙600km边界形成一道防风固沙的绿色屏障，科尔沁沙地南侵威胁逐年减弱。7年的草原沙化治理带来的不仅仅是经济效益的大幅提升，还有辽西北草原生态功能的明显改善。

风沙侵蚀得到遏制。据辽宁省风沙地改良利用研究所与彰武县草原监理站在阿尔乡、章古台、四合城、大冷、后新秋5个乡镇选取8个具有代表性的样地进行监测表明，项目区覆沙厚度由工程实施前的7.0cm减少到5.0cm，风蚀深度由工程实施前的5.5cm减少到0.4cm，风蚀点数由工程实施前的20个减少到6个，沙丘高度由工程实施前5.0m减少到3.0m，流动沙丘数量明显减少，由原来的27个减少为6个，沙丘滚动距离由治理前的1.21m/a下降到0.31m/a，48个半固定沙丘全部变为固定沙丘，风道由原来的12条减少到3条。另据气象资料统计，项目区已达到4～5级风不起沙，扬沙天数由工程实施前的平均每年40d减少到每年18d（表3-7）。

表3-7　彰武县草原风沙侵蚀监测

监测项目	覆沙厚度（cm）	风蚀深度（cm）	风蚀点数（个）	沙丘高度（m）	流动沙丘数（个）	沙丘滚动距离（m/a）
治理前	7.0	5.5	20	5.0	27	1.21
治理后	5.0	0.4	6	3.0	6	0.31

水土保持功能明显改善。2015年辽宁省水土保持研究所依据《草原资源与生态监测技术规程》（NY/T 1233—2006）和《水土保持监测技术规程》（SL 277—2002），对项目区内、外草原生长情况，土壤理化性质、水土流失情况定点监测，研究结果表明，项目区草原植被逐步恢复，退化草原区水土保持功能各项指标明显改善。

土壤结构得到改良。实施草原沙化治理工程当年，项目区平均土壤容重为1.42g/cm³，对照区土壤容重1.51g/cm³，项目区土壤紧实度为3 988kPa，对照区达到4 285kPa，项目区土壤有机质含量为1.64%，对照区有机质含量为1.58%。可以看出，草原植被恢复后，通过根系发育和秋冬枯枝落叶入土对土壤有机质增加和土壤孔隙度改良的效应持续增长，促使土壤结构逐渐向良性发展，从而奠定了水土保持的土壤基础。

水土保持能力逐渐增强。监测表明，项目实施当年项目区土壤入渗率达到6.19mm/min，比对照区（5.63mm/min）提高了10%左右，随着工程深入开展，土壤入渗率有随着植被盖度提高逐年提高的趋势。根据观察，牧草和灌木草冠可以截留27%和23%左右的降雨，被截留的部分降雨沿叶、茎徐徐流至地面，大大减缓了暴雨雨滴对地表的直接溅蚀冲刷，使地表径流变成了分散的地下水；2015年，朝阳市5县（市）项目区平均径流模数为7.76万m³/a·km²，相比对照区（10.09万m³/a·km²），总平均蓄水效率达到23%；2015年，朝阳市5县（市）项目区草地侵蚀模数为1 019t/a·km²，相比对照区（2 208t/a·km²），保土效率达53.85%。工程实施7年后，土壤侵蚀模数由原来的3 239t/a·km²下降至700t/a·km²以下，由原来的中度侵蚀变为轻度侵蚀，补播前每亩每年土壤流失量为2 159kg（相当于每年刮去表层土接近2.3mm），现在下降为每亩467kg（相当每年刮去表层土接近0.5mm），水土流失明显减少。

③社会效益分析。随着辽西北草原沙化治理项目的实施，通过草原综合治理技术集成与应用，转变了项目区农牧民放牧养畜的传统观念，促进了草原畜牧业生产经营方式由粗放型放牧向集约型舍饲转变，减轻了草原的放牧压力。到2015年，朝阳市和阜新市已建成畜牧业标准化小区4 362个，牛羊规模舍饲量达到1 124.2万头（只），规模化养殖比重达63%；项目实施后，由于草原植被盖度和优质牧草品种增加，草原生产力大幅提升，项目区每年增收优质牧草159万t，增饲羊单位316.3万个，帮助农牧民通过养殖生产增收76亿元，发展种草养畜生产成为项目区农民增收的一条重要途径；通过项目实施，推动了草原承包经营制和草原保护制度的落实，改善了项目区农牧民生产和生活环境，增强了广大农牧户对辽西北草原沙化治理工作的认识，调动了农牧民保护

和建设草原的积极性和创造性，有力地促进了辽宁生态文明建设；通过项目实施，对开展辽宁省草原沙化、退化治理工作进行了全面探索，形成了一套行之有效的草原生态治理模式，为我国草原综合治理开辟了新途径，提供了新经验。

五、草原灾害监测

草原灾害分为生物灾害和自然灾害。生物灾害和自然灾害既是影响草原资源与生态状况的重要因素，反过来也受草原资源与生态状况的影响。在我国，草原灾害发生频繁，造成的损失和危害较大。草原灾害监测的主要对象包括草原鼠、虫、病、毒害草等生物灾害和草原火、雪、干旱等自然灾害。在辽宁省开展的主要灾害监测是草原鼠虫害监测和草原火情监测。

（一）草原鼠虫害监测

1. 技术路线

辽宁省草原鼠虫灾害涉及的面积较大，空间上分布广阔，在全省草原范围内均有发生，并且发生频率较高。有时在半个月至1个月内就可能暴发1次鼠虫害，因而需要利用遥感等时效性强、覆盖面广的手段在较短的时间内进行监测。鼠虫灾害多发地区处于过度利用、剧烈变化的草地生态系统，地形、土壤、植被、气候等自然因素和人为因素互相影响，关系复杂，需要标准化、系统化的指标与方法体系，保证监测工作的科学性、可靠性。利用生态幅、生态位和种群消长等理论和模型，在集历年鼠虫害发生数量和分布、区域气象、草原类型、土壤、地形等资料的基础上，通过不同时期的地面调查，监测鼠虫害典型区域不同时期的分布和发生情况；同时，结合遥感手段，监测地上生物量、地温、地表湿度等因子；进而评估鼠虫害区域分布状况，预测鼠虫害的发展趋势、扩展区域或迁飞方向，通过经济与生态阈值模型分析预警可能的危害区域和程度并对防治措施进行决策。

鼠虫害监测的对象是重要时间、地点（空间范围）的草原害虫害鼠的种类、种群结构、数量（密度）。为了掌握不同区域这些信息的空间分布情况，需要监测气象、地形、土壤、植被、其他动物（天敌等）等生态因子的空间分布状况，用生态幅原理间接估算鼠虫的分布。

2. 技术流程

草原鼠虫害监测一般采取以下技术流程。通过地面定位观测获取准确的鼠虫种群结构、密度和发育进度，用于分析鼠虫发生发展规律及鼠虫发生与生态因子之间的关系。通过大范围的路线抽样调查，保证监测数据时效性的同时及时掌握发育进度，获得3S技术监测预警所需的地面样本，并可粗略得到发生面积信息。利用遥感手段客观、全覆盖、及时、快速、可比性强等特点，以图像方式获取部分生态因子的空间分布状况。建立多元模型可估算出不同时期的地上生物量、土壤温度、土壤湿度，以图的方式描述这些因子的空间分布，并利用这些因子与鼠虫发生发展的相关特性，可估测、监测任意空间位置的鼠虫发生密度及可能性。利用地理信息系统描述鼠虫发生点或小片发生区（面）的种类、密度与生态因子的定性、定量特征，实现鼠虫空间分布描述的实体化、对象化；点、面结合，准确计算发生面积、密度；采用空间实体关系分析方法探究鼠虫的区域发生、发展规律。

3. 采集处理的信息

（1）害虫害鼠基本知识。包括鼠虫害的种类、科、属、拉丁名、形态特征、生态分布、地理分布、天敌、发育进度和不同生育期以及危害表现的照片等，既是鼠虫特征数据的资料库，也为地面调查提供测定、鉴别知识，可通过地面调查等手段动态更新、完善。

（2）地面调查和统计数据。包括野外定位观测和路线调查获得的鼠虫种类、面积、密度等样点信息，统计监测机构采集的鼠虫危害情况、防治情况及经费使用等统计数据。

（3）专题图件。包括草原类型、土壤类型、海拔高度、坡向、坡度、地上生物量、气温、积温、降水量、土壤温度、土壤湿度等数字图件。

4. 监测预警

草原鼠虫害监测的重要目标是在灾害发生之前，分析该区域地形特征、土壤特征、植被特征、鼠虫害历年发生情况，构建害鼠/害虫宜生指数模型（IH）。根据宜生指数，将灾害划分为四级：一级宜生（红色）区，宜生指数IH≥4，为即将暴发特别严重危害、先期处置未能有效控制事态，需要国家动员社会力量应急响应的区域；二级宜生（橙色）区，宜生指数3≤IH<4，越冬基数高、非常适合该种害鼠/害虫生长发育，极有可能形成严重危害，需要重点监测并做好防治准备的区域。三级宜生（黄色）区，宜生指数2≤IH<3，越冬基数较高、适合该种害鼠/害虫生长发育、可能形成危害，需要重点监测的区域，四级宜生（蓝色）区，宜生指数IH<2，有害鼠/害虫越冬、具备害鼠/害虫生长发育的主要条件、存在潜在危害、需要村级草原植保员定期调查的区域。综合野外调查样本数据、历年统计资料、气象因子等，分析主要害鼠/害虫种群动态，进行草原鼠虫害监测预警，第一步，以害鼠/害虫常年宜生区、历史发生分布图和当年

样点调查数据为基础，结合气候条件和其他生态因子，评估草原鼠虫害的发生面积、发生密度，形成区域分布现状图（当年宜生指数图）；第二步，预测未来一段时间内鼠虫害的发育进度和扩展方向，形成区域分布预测图；第三步，对鼠虫害发生密度进行分级，根据经济阈值模型和生态阈值模型，预警危害的范围和面积，形成鼠虫害危害预测图；第四步，根据鼠虫害发生种类、发生规律资料决策防治方法，提出使用何种防治方法（生物防治、化学防治、生态治理等），决定使用何种药剂、设备及数量，生物防治、生态治理的基本方案等。主要包括以下专家模型。

（1）评估发生区域、密度包括鼠虫害历史发生加权汇总模型，鼠虫害分布与气候条件关系模型，鼠虫害分布与其他生态因子关系模型，样点区域扩展分析模型，卫星影像，地温、土壤湿度模型。

（2）预测区域鼠虫害分布预测时期分为短期预测（不超过20天）、中期预测（20天至3个月）、长期预测（3个月以上）。包括发育进度模型，发育盛期预测模型，有效积温发育进度模型，植物物候期预测模型，发生量预测模型，迁飞扩散预测模型。

（3）预警危害区域、程度包括鼠虫害危害分级模型，损失估计模型，卫星影像草原生产力模型。

（4）防治决策包括经济阈值模型，生态阈值模型，不同种类、密度的防治措施决策，物资调配模型，设备、药剂数量模型等。

（二）草原火灾监测

草原火灾是指在失控条件下发生发展，并给草地资源、畜牧业生产及其生态环境等带来不可预料损失的草地可燃物（牧草枯落物、牲畜粪便等）的燃烧行为。草原火情监测可为掌握和扑灭草原火灾提供重要依据。草原火情监测方法可分为两种，一种是地面人工观测的常规手段；另一种是利用卫星遥感技术监测草原火情。由于全省大部分草原在远山，并且与森林交叉，发生的草原火很难被人及时发现，火灾发生后往往迅速扩大成片，用常规手段无法观测掌握大范围草原火场全貌。卫星遥感具有视野宽广，观测频次较密，对地面高温热源敏感的特点，可以用于监测全省范围的草原火情，在草原火灾监测中发挥重要作用。

1.卫星监测火灾原理

卫星遥感草原火情的原理主要基于气象卫星等遥感卫星的中红外通道对草原火等高温目标的异常敏感特性。根据维恩位移定律，黑体温度T和辐射峰值波长λmax成反比，即温度越高，辐射峰值波长越小，常温（约300开）地表辐射峰值波长在气象卫星远红外通道波长范围（10.3～12.5μm），林火燃烧温度一般在550开以上，其热辐射峰值波长靠近气象卫星中红外通道波长范围（3.5～4.5μm）。当观测像元覆盖范围内出现火点时，由于火点处辐射率急剧增高（草原火的燃点均在500开以上，燃烧温度可达800开以上），即便火点面积远远小于像元分辨率，仍将引起含有火点的中红外通道像元亮温增量迅速增高，并明显高于周边背景像元，而远红外通道火点像元亮温也有所增高，但远低于中红外波段，因而远红外通道火点像元亮温与背景像元亮温差异一般远没有中红外波段通道明显。从这一差异可以分析提取草原火等火点信息。太阳辐射在云区的反射有时也会引起中红外通道的辐亮度异常增大，通过可见光、远红外通道信息可以有效地识别云区，排除云区的干扰。太阳耀斑（主要在水体）将引起中红外通道的辐亮度异常增大，从而干扰对火点的判识，通过参考太阳耀斑角信息，可以有效排除太阳耀斑的干扰。中红外通道可以探测到远小于其像元分辨率的火点（可仅占其像元覆盖面积的万分之几）。而在日常火情监测中，有可能监测到数个或数十个含有火点的像元。如果以像元分辨率表示明火区面积，则明显夸大了明火的实际面积。利用火场在中红外通道和远红外通道中不同点热辐射增量幅度，可以估算亚像元火点面积和温度，提供反映草原火点强度的有关信息。

草原火灾发生后，将直接破坏草场的覆盖状况，引起过火区在可见光、近红外波段的光谱特征发生明显变化。利用火灾发生前后的卫星遥感植被指数信息变化可估算过火区的范围和面积，归一化差植被指数NDVI对植被变化有明显反应，可用于判断过火区像元。

2. 监测技术流程

卫星遥感草原火情监测主要包括卫星遥感数据接收和预处理、草原火点监测、过火监测、火情监测产品制作、火情监测信息传送等技术环节（图3-24）。

3. 技术方法

（1）卫星数据源。卫星遥感草原火情监测主要使用具有中红外、远红外、近红外、可见光等波段的卫星数据，包括我国风云极轨气象卫星（包括风云一号C/D星、风云三号ABCD星）、美国NOAA极轨气象卫星、美国EOS/MODS（地球观测系统中分辨率成像光谱仪）、NP（美国国家极轨运行环境卫星系统预备计划卫星）等极轨卫星。另外，我国风云静止气象卫星（包括风云二号C/DE/F/G、风云四号卫星）、日本MTSAT静止气象卫星等也可监测较大草原火情。对明火区的监测主要使用中红外以及远红外通道数据，对过火区的监测主要使用近红外和可见光通道数据。

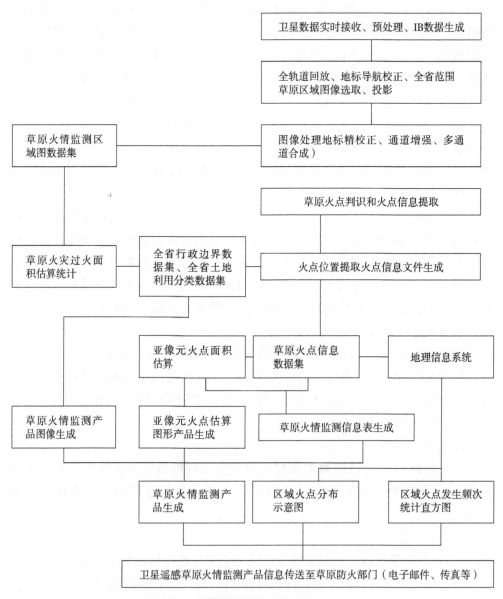

图3-24 卫星遥感草原火情监测技术流程

（2）遥感数据预处理。卫星实时数据接收后，对原始资料进行预处理，包括定标（建立卫星数据的物理量）、定位（建立卫星观测各像元的地理位置）、质量检查等。之后，对整幅卫星轨道数据进行地标导航修正。对经过预处理的整条轨道数据进行局域投影处理，生成草原地区的火情监测区域图像。

（3）草原火点监测。草原火点监测分为人机交互判识和计算机自动判识两种方式。人机交互方式可以分析较多的草原火灾信息，如明火区、过火区、未过火区、烟雾、云区、水体等，计算机自动判识主要用于获得草原火灾的定量信息，如火场影响面积等。另外，对于空间分辨率较低的气象卫星，通过亚像元火点估算方法可获取火点像元的强度信息。

①人机交互火点判识方法。由于火点将引起中红外通道计数值出现急剧变化，造成与周围像元的明显反差，因此使用人机交互方式可以较容易地识别中红外通道图像中的高温点（火点）。另外，可利用可见光、近红外通道对云、水体、植被等敏感特性生成由中红外、近红外、可见光通道组成的多光谱彩色合成图，如鲜红色表示正在燃烧的明火区，暗红色表示过火区，绿色表示植被（未燃烧区，如林区、草原等），深蓝色为水体，灰色为烟雾或云。这种合成方式可以有效地排除太阳辐射反射对中红外通道资料的干扰。在夜间图像，分别赋予中红外通道红色、远红外通道绿色和蓝色，因而图像中的鲜红色仍为明火点，灰色为云。利用以上方法处理生成的多光谱彩色合成图像，可以较容易地用人工方式判识图像中的火点信息。

②计算机火点自动判识方法。根据火点在中红外波段引起辐射率和亮温急剧增大这一特点，可将中红外亮温与周围背景像元亮温差异，以及中红外与远红外亮温增量差异作为计算机火点自动判识的主要参数。同时，由于中红外波段太阳辐射反射与地面常温放射辐射较为接近，在计算机自动判识时需考虑消除太阳辐射反射在植被较少地带和云表面的干扰。根据日常火情监测经验和人工火场星地同步试验结果，当中红外通道大于背景亮温8开且中红外与远红外亮温差异大于背景的中红外和远红外亮温差异8开以上时，一般为由明火引起的异常高温点。判识火点条件主要根据中红外通道的亮温增量，以及中红外通道与远红外通道（CH_4）亮温差异的增量。

背景温度计算对判识精度有直接影响。对于下垫面单一的植被覆盖稠密区，由邻近像元取平均对被判识像元有较好的代表性。而在植被与荒漠交错地带，由于各像元的植被覆盖度可能有较大差异，由此计算的邻近像元平均亮温有可能与被判识像元有较大差异，因而判识阈值需要随之调整。

③亚像元火点面积和火点强度估算方法。由于气象卫星对地面高温热源十分敏感（相对其分辨率而言），可识别的高温热源点的辐射率可相差数十倍，由此

对应的火点面积也可相差数十甚至上百倍。同时，影响草原火点温度的因素也很多，不同覆盖度草场的燃烧温度可能有较大差异，风力的影响也非常大。因此，不同火区的温差可能很大。

根据高温热源在不同波段红外通道的辐射增量有明显差异这一特点，建立合适的算法，可以利用不同红外通道的辐射值估算亚像元火点面积（即明火点的实际面积）及温度。

根据亚像元火点面积大小可以制订火点强度等级（表3-8）。

表3-8　火点强度分级

火点强度等级	亚像元火点面积（㎡）	火点强度等级	亚像元火点面积（㎡）
1	<300	6	8 000 ~ 13 000
2	300 ~ 1 000	7	13 000 ~ 20 000
3	1 000 ~ 2 500	8	20 000 ~ 40 000
4	2 500 ~ 5 000	9	40 000 ~ 70 000
5	5 000 ~ 8 000	10	>70 000

利用火点强度等级生成的火点强度图像可以直观地反映出火区的态势和发展情况，如在大范围火区内哪些像元的火势较强。

（4）过火区监测。草原火灾发生后，将引起过火区在近红外、可见光波段的反射率下降。同时，过火区温度也较过火前偏高，在利用气象卫星可见光、近红外通道制作的植被指数图上，过火区的植被指数将明显较周边未过火区偏低，而红外通道的温度较周边偏高。根据这一特点，可判识草原火灾过火区，估算过火区面积。

（5）应用GIS技术判断火点性质和行政区划。气象卫星对高温热源十分敏感，但由于分辨率较低，一般仅能探测到像元内是否有火点，而火点是否为草原火、林区火或其他农田用火等，单用气象卫星数据是难以确定的。而利用GIS技术可以有效地解决这个问题。方法如下。

①土地利用矢量数据转换。生成与气象卫星图像兼容的图像格式含有草原、林区、农田等土地利用类型的数据可以作为判断火点性质的依据，即判断火点是否位于林区、草原或农田等。利用1∶100万土地利用数据，根据气象卫星图像栅格数据的特点进行土地利用数据矢量至栅格的格式转换，生成与气象卫星图像格式兼容的土地利用栅格图像数据，可以为动态检索火点性质提供重要依据。

②进行行政边界矢量数据的转换。生成与气象卫星图像兼容的图形格式，为

迅速判断气象卫星监测火点的具体行政区域，可利用全省行政边界矢量数据，对全省行政边界矢量数据进行矢量到栅格的转换，生成与气象卫星图像格式兼容的全省行政边界栅格图像，可为动态和自动检索火点所在行政区域，估算各行政区域内的过火面积提供重要依据。

③利用GIS技术分析火情分布。建立火情信息数据库，为进一步发挥气象卫星草原火情监测的作用。还可建立火情信息专用数据库，将日常监测的火情信息录入数据库中，可进行各类统计、检索。可将气象卫星火情信息数据库中的火点信息在地图（行政边界或土地利用图）中显示，并进行统计，为分析气象卫星火情监测提供有力的工具和手段。

（6）草原火情监测产品制作

①卫星遥感草原火情监测内容。卫星遥感火情监测信息内容主要包括火点位置（经纬度、市县名），火点大小（火点影响范围和明火点及明火面积估算），火点性质（是否为林区、草场或其他地区火点），烟雾、火区范围（大范围火场四周的位置），过火区面积估算等，并可根据多个时次的火情监测信息分析重要火区的动态变化情况

②火情日常监测产品。火情监测信息列表，该表为日常火情监测业务的基本产品，所有监测到的火点信息均应生成，其内容包括卫星观测时间，火点经纬度位置，市县名，火区影响范围大小（以像元数计），亚像元火点估算面积和温度，有无烟雾，是否为林区、草原或农田等（参考土地利用数据）。

火情监测卫星图像：气象卫星火情监测图像产品包括多通道数据彩色合成图、火点监测专题图等。图像上需叠加注释信息，包括资料接收时间，卫星标记，经纬度网格，省界，地区及县界。对重要火区标注所在县名。对重要火点（如靠近边境的境外火点）用箭头指出，并标注经纬度。

过火面积估算：估算草原火灾引起的过火面积，估算结果附加在图像的过火区。

火情监测分析报告：对于重要火情将制作火情监测分析报告，内容包括文字分析和监测图像。

通过处理分析，可从卫星遥感数据中提取多项反映草原火灾的信息，包括卫星观测草原火灾时间、草原火灾区域位置（火区中心点经纬度，以及所在的市、县名）、明火区影响范围、明火区实际面积、过火区面积、草原火灾影响范围内草场实际面积等。另外，用社会经济数据，可评估草原火灾的影响损失，如受草原火灾影响的牧草损失、牲畜数目、人口以及经济损失等。

（7）草原火情监测信息传送。草原火情信息列表和图像可以用传真机传送或

电子邮件传送。卫星遥感火情监测信息列表和火情监测图像生成后，立即通过传真机或电子邮件方式传送至草原防火部门。草原火情监测报告通过电子邮件方式传送至草原防火部门。

（8）草原火情监测产品传送。

①服务对象及方式。国家卫星气象中心为农业部草原防火指挥部提供气象卫星草原火情监测服务已形成业务化运行多年，以下是有关气象卫星草原火情监测业务情况。

a. 日常卫星遥感草原火情监测业务实施时间为每天监测2次，上下午各1次。日常气象卫星火情监测信息，方式主要分为电子邮件、传真两种。

b. 监测范围为全国范围草场及邻近我国边境的境外地区。

c. 如有火灾发生或重大火情，对相关区域监测加密监测，接收并处理所有经过火区的资料，监测频次可达6~8次。

d. 其他时间，根据需要随时响应。

②时效要求在日常火情监测业务运行中，卫星过境并获得预处理卫星轨道数据后，正常情况下，第一幅火情监测信息的处理、分析、火情监测信息列表产品生成，并开始传真传送，在30min内完成。第一幅火情监测图像的制作完成并开始电子邮件传送，在1h内完成。

草原灾害的监测需要有两种机制，应急机制和日常监测机制。突发性的草原灾害容许的反应时间短，需要应急性的监测、防治。应急监测强调及时或实时的信息获取、快速的数据处理与分析以及准确判断或评价，并按照相关机制通报。因为发生灾害的区域人口少或交通不便甚至无法进入（如火灾），采用遥感技术进行应急监测有不可替代的优势，例如目前正在运行的各类灾害监测系统以NOAA或MODIS等时间分辨率较高的卫星为主要信息源，一般能在1d内获取发生灾害地区的图像，在获取信息1~2h后对灾害事件做出分析。当然，因为应急监测更多地在及时性上的需求，所以需要牺牲数据的空间精度和比例尺。

日常监测机制主要通过对目标区域历史发生情况进行汇总，结合灾害重点时期的地面调查，利用气象、土壤、植被等生态因子建立监测、预警模型，对灾害的现状、可能发生的范围及等级、灾害发生后的扩散等进行评估和预测，按照相关技术标准、规范进行预警。这种监测机制强调日常数据的积累和验证，特别是通过多年监测形成灾害发生重点区域的范围、发生灾害的时期、频率等图表，可有针对性地确定日常监测的目标。

第五节 不同尺度下监测的内容及技术

前已述及，尺度的大小是一个相对的概念，表现为时间和空间上片段的大小。掌握草原的现实分布状况总是在一定的时空片段上，需要协调的时间和空间尺度。对于相同的监测范围，空间尺度越小，所需的数据获取和分析的时间就越长，也就很难保证小的时间尺度；同样，较小的时间尺度上，很难及时地获取和分析大范围的监测信息；而且目前的遥感信息源和地面监测手段也很难在保证小的时间尺度（如几天）的同时，获得较小空间尺度（如1∶10万以上的比例尺）的信息。针对不同的监测目标，所需的时空尺度是不一样的，一般来说更小的尺度有助于得到更为准确的结果，但需要更多的经费投入和消耗更长的工作时间。针对不同类型的监测目标，时间尺度的划分是有差异的。即使是自然资源中不同的领域，监测的时间尺度也有很大的差距；例如矿产资源在很大的时间尺度上变化，而植被资源主要是受地球公转周期的影响体现为周期性的变化。小的时间尺度对应于较短的监测周期，这里把周期小于1年的草原监测定义为小的时间尺度。当然，在较短的时间范围内很难反映草原资源与生态宏观的变化规律，仅能对草原的生长、利用动态以及实时性需求强的灾害等内容进行监测。

一、实时或准实时监测

管理部门总是希望能够像雷达发现飞机那样及时掌握草原的变化情况，但是同雷达只能实时地监控有限的范围一样，用于草原监测的卫星、航空信息源或地面监测者很难同时监测全部草原。如果监测目标是非常大的物体，如云团、飓风等，则可用地球静止轨道上的卫星实时地监测。因而，实现实时或准实时的监测必须具备的条件是，监测目标个体很大，即空间尺度很大；或者是监测信息采集设备固定地采集同一地点的信息，即空间幅度很小，且一般配备专用的监测设备。一般来说，实时或准实时监测的比例尺在1∶100万～1∶400万。实时、准实时监测需要在很短的时间内完成，但一般没有明显的周期，往往根据实际事件的发生情况进行，草原领域的主要的应用方面如下。

（一）草原火情监测

草原火点识别、火情监测是草原监测应用最成熟的方面，而且主要是采用遥感手段。利用周期较短的NOAA或MODIS卫星（周期小于1d）的热红外传感器可以有效地识别火点,通过准实时的连续监测,判断、分析火情。火点可以通过目视的方式在遥感图像上判别出来,也可将草原火点识别软件集成于卫星信息接收站的接收系统中,通过自动判别、识别火点后发出警示信息、技术人员确认、上报火点、分析火情火势、上报火情预测情况等步骤,以人机交互的方式完成火情监测。目前,我国草原火情监测系统主要采用这样的机制,在防火季节需要对每天的图像进行判别、处理。

在技术上,火点识别主要依据热红外波段对温度敏感的特性。对于火点面积较小,或者热红外波段响应不明显的情况,还可通过结合其他波段提取烟雾信息来进行辅助判别。分析火情的发生原因和发展趋势是火情监测中技术最为复杂的环节,一般需要依赖一些火行为模型。火行为模型描述火情的发展过程,涉及燃烧地点和可能的扩散方向上的可燃物(草原地上生物量和枯落物)植物构成、燃烧特性(燃点、燃烧时间)、数量、高度和含水量,地形、风向和风力等因素,这些因素在一定的条件下均可能成为决定因素。利用火行为模型可以判断一定时间内火灾扩散的方向和距离,对于指导灭火、避免火灾损失有着重要的意义。但研制火行为模型所需的试验条件较难配备,特别是较大的火势和风力条件难以达到,因而实践中这方面的应用还较少。

(二)草原雪情监测

草原降雪达到一定深度后,牧草大部分被覆盖,也造成交通上巨大的障碍,加上天气寒冷,致使无法放牧而造成雪灾。因雪情很难在实地进行测定,所以选用遥感手段监测雪情具有明显的优势。降雪形成的雪被可用NOAA、MODIS遥感图像进行监测,特别是雪覆盖的范围在遥感图像上表现为强烈反射的高亮度,很容易区分,即使有时与云混淆,也可通过连续的监测去除运动的云。雪被的深度一方面决定了覆盖牧草的高度,从而影响家畜的采食,而且,对于特定的家畜种类,存在一个雪深的阈值,决定能否进行放牧。

雪情监测在技术上较为困难的是估测雪的深度。尽管气象部门可通过云量监测和气象站测定可以掌握平均的降雪深度,但气象站的数目毕竟有限,加上风力、地形等因素对降雪的再分配,地区之间气温、土壤条件不同也会造成不同的融化速度,从而不能得到不同地点的雪深。目前,估测雪深还没有完全成熟的模型,这方面的研究主要有3种途径。其一是根据地形、风向和风力对平均雪深进行再分配,但这种方法需要精细的地形数据;其二是用遥感图像中对雪深较为敏感波段去反演不同地点的雪深;还有一种方法是先估测区域内草群的高度,然后再根据不同高度草原被雪覆盖的情况估算雪深。

二、周期监测

在草原植物、动物一年内发生、发展过程中，表现出明显的种群动态规律，可能存在同样的数学模型，但不同的物种组合或不同区域的模型参数不一致。小时间尺度的周期监测就是在1年内或更短的时间内，按照很小的时间间隔周期性地监测植物、动物及其组合的种群动态，反映区域之间的差异和相同物种组合在不同空间范围的变化。

（一）草原植被状况季节动态监测

以逐月、逐旬或按照主要植物的物候期对草原的生物量、覆盖度、高度和植被构成进行动态监测，能够反映现有利用方式、强度下草原的基本健康状况。草原群落的植被构成主要通过地面监测的方式获得，对于一种特定的草原类型来说，其植被构成在一定的利用方式和正常的气候条件下总体上保持稳定的状态；虽然过度利用、干旱等因素会导致一年生牧草、劣等牧草甚至毒害草的增加，但这些现象的出现是有规律可循的。对于遥感监测，群落的高度信息也不易获取，也需要通过地面监测的方式获得。不过，遥感监测可以很及时地获取大面积草原不同季节的覆盖度、生物量的信息，对于确定的草原类型，这两项信息已足够反映草原生长、发育的整体情况。特别是生物量的信息，对于确定的草原类型，可以看作是覆盖度、高度信息的综合，因而对草原植被状况的季节监测主要是针对其地上生物量。

地上生物量监测一般在中、大空间尺度上进行，可选用的遥感数据包括NOAA、MODIS、TM/ETM+等，分别应用于1∶400万～1∶200万、1∶100万、1∶25万～1∶10万的监测比例尺。由于TM/ETM+数据获取的周期较长，受云的影响，在牧草的一个生长季很难保证每个月都有清晰的图像，因而在生物量的季节动态监测方面只适用于北方天气晴朗的干旱地区。遥感数据应用于草原地上生物量监测一般仅使用可见光、近红外波段，尤其是红波段和近红外波段，一些特殊的模型还涉及蓝波段的数据。

理论上，遥感图像中提取的植被指数与地上生物量存在明显的相关关系，这种相关体现在草原植物的叶面积指数大小能够反映出不同的波谱响应水平，可以通过建立两者之间的数学模型来估算地上生物量。但是，由于植物组成的差异，相同叶面积指数的不同草原类型地上生物量也不同。因而在技术上，生物量动态的监测需要着重解决两个方面的问题。其一是选择、优化和改进现有植被指数提取的模型和方法，目前应用最多的是归一化植被指数；其二是根据草原资源的分布和不同类型的特性，针对特征相似的类型或区域建立选择植被指数，并建立不同类型或区域的植被指数与地上生物量的关系模型，也就是模型分区的问题；常见的模型分区方法是按照生态类型、草原类型或土壤质地、类型划分。

（二）草原鼠虫害发生期监测

草原鼠虫害的地面监测已有很多的研究，但一般都集中在一个地点，代表的面积很有限。而草原鼠虫害不像农田那样有着基本一致的土壤、水分条件和简单的植物构成，而是有着千差万别的立地条件和植被组合，加上草原分布广阔，需要地面样本要有很强的代表性。实际上采用遥感的手段很难直接监测到鼠虫害发生的状况，遥感数据在这方面的作用是确定地面监测的不同样本能分别代表多大的空间范围；这一空间上趋势面分析过程依赖于草原类型、土壤基质及类型、地形（特别是坡度、坡向）、土壤水分等多个因素的一致性，也就是具有与样本相同立地条件和草原类型的区域可能具有与样本相似的鼠虫害状况。正因如此，鼠虫害发生期使用的遥感数据必须具有较小空间尺度，或者监测区域至少有一期高分辨率的遥感图像，用来划分可能发生鼠虫害的区域。这种空间上同质性的判定需要土壤类型、土壤温湿度（主要用于虫害的监测）、海拔高度、坡度、坡向、草原类型、生物量等多种因素的复合，一般需要多专业的本底图件和多波段遥感数据叠加分析。例如，可用MODIS图像提取草原地上生物量、土壤温度和湿度，用TM/ETM+数据获得土壤类型和草原类型不同的组合，加上数字高程图及其生成的坡度、坡向数据，结合地面监测数据，即可对可能发生鼠虫害的区域及程度进行估测；其中，TM/ETM+仅用于反映土壤和草原类型的稳定组合，不需要实时数据；而鼠虫害发生时，发展、扩散的速度很快，要求的监测周期很短（甚至小于1周），因而需要实时或准实时的MODIS图像，反映草原及下垫面的变化。

草原鼠虫害监测更多的技术环节体现在监测模型方面，其中最重要的是种群动态模型。种群动态模型能够预测鼠虫害发生的数量和趋势，模型中关键的因素是种群的初始数量、结构，能够决定种群内部的发展或制约因素，同类之间的竞争，天敌的控制作用等；另外，土壤条件（类型、温度、湿度）、植被情况等决定了环境对鼠、虫种群的压力。

还有一类重要的模型是鼠虫害发生、发展与环境条件的关系模型，这类模型用来预测鼠、虫在空间上的分布。在大自然中，动物种群因其运动的特征决定了它们较植物而言更严格的气候、环境选择和适应，即使一种全球广布的动物，在具体的区域分布上与植物相比也显得很零散；另一方面，动物又因其运动或扩散的能力覆盖了面积巨大的"领地"。因而，鼠虫害发生、发展与环境因子模型不仅涉及它们的栖息地或产卵地，而且还涉及它们的迁移、扩散或迁飞的行为。

第六节　固定监测点监测

草原是一个结构复杂、功能多样的陆地动态生态系统。采用短期的调查和实验研究往往难以准确地揭示生物之间、生物与环境之间的复杂关系。因此，建立国家级草原固定监测点形成草原固定监测网络，是丰富草原监测手段，提升草原监测能力的重要途径。

2013—2018年，辽宁省先后在阜蒙县、北票市、彰武县、建平县等4个国家级半农半牧县和义县、朝阳县、喀左县、凌源市、建昌县等5个省级半农半牧县建成国家级草原固定监测点9个，2019年辽宁省继续加大建设投资力度，新建草原固定监测点15个。截至目前，全省共建成并投入使用草原固定监测点24个，基本覆盖辽宁省重点草原区。

一、目标和意义

开展固定监测是草原监测的基础性工作，建立固定监测点形成草原固定监测网络，是丰富草原监测手段，提升草原监测能力的重要途径。开展草原固定监测工作，能定期、定点、连续获取某一区域的草原植被、土壤、生态环境及社会经济等基础数据，可为指导畜牧业生产、草原生态建设及科研工作提供理论支持。

二、建设规范

辽宁省国家级草原固定监测点的建设内容和规模严格依据《国家级草原固定监测点场地设施建设设计方案》《国家级草原固定监测点监测工作业务手册》《国家级草原固定监测点管理运行规范》。

（一）建设内容

主要包括围栏、隔离桩、门、标识牌、标识桩柱、移动罩笼等，以及监测采样、数据处理分析仪器设备等。建设内容及投资参考标准见表3-9。

表3-9　国家级草原固定监测点建设内容及投资参考标准

类别	建设内容	单位	数量
监测设备	便携式土壤水分速测仪	台	1
	野外取样工具	套	2
	便携式计算机	台	1
	GPS接收机	台	1
	PDA-GPS野外数据采集装置	台	1
	专用野外数据采集软件	套	1
	数字照相机	台	2
	数码智能烘干箱	台	1
	pH计	台	1
	便携式电子天平	台	1
	台式计算机	台	1
	激光多功能一体机	台	1
	小计		
监测点场地设施	资料、标本、样品柜	组	3
	围栏	处	1
	门、标牌等	处	1
工程监测样地设置	隔离桩	处	3
	定位拍照标识	处	3
	移动罩笼	处	3

（二）建设标准

1. 监测场地的选择和布局

监测场地是开展草原监测的场所和工作对象，国家级草原固定监测点要求监测场地一般要选在连片面积约300亩以上的平坦、开阔草原上。监测场地由主监测场地（围栏内）和辅助监测场地（围栏外对比样地）两部分组成。

主监测场地：需要架设安装草原围栏，设置人为可控环境。主监测场地围栏面积不少于30亩。根据不同的监测和研究目的，可将主监测场地围栏内划分为永久观测区（3亩）、常规监测区（15亩）、科研试验区（7亩）、刈割监测区（或火烧管理区5亩）等。主监测场地小区的空间分布如图3-25所示，监测场地一旦按照预定的小区设置建设完毕，运行过程中不得对小区设置进行随意调整。永久观测区由于需要最大限度地减少人为干扰，需用围栏与其他小区分隔。其他小区间可采用围栏分隔，为节省投资也可采用间隔桩柱分隔。

辅助监测场地：即围栏外对比观测样地，应设置在主监测场地附近1km的辐射半径范围内，场地内草原类型、地形条件等基本资料要与围栏内主监测场地基本一致。辅助监测场地数量一般2个，位于主监测场地的不同方位，但要注意避免在易受人为活动影响、主监测场地围栏入口处进行取样和设立照相点。监测区内设置若干固定或移动样方笼，准确测算放牧状态下的草原生产力。辅助监测场地需要设置必要的标识、标桩（图3-25）。

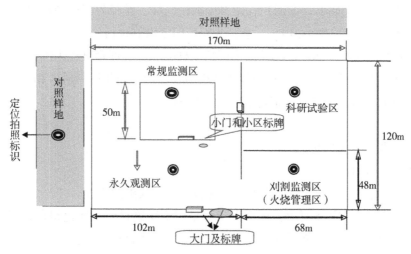

图3-25 草原固定监测点主监测场地示意

2. 围栏

以面积为30亩的监测场地为例，需要安装高标准围栏约580m。

材料：采用优质低碳钢丝（丝径3～6mm）焊接而成，材料表面采用PVC浸塑或选择静电粉末喷涂、镀锌等方式处理。

安装方式：网片采用卡接连接方式，附有防雨帽、连接卡、防盗螺栓等。立柱采用混凝土预埋式。

颜色：网片为绿色，立柱为红白色相间。具体规格如图3-26所示。

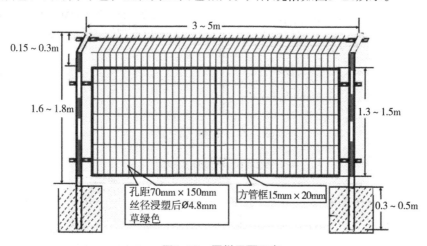

图3-26 围栏平面示意

3. 门

（1）监测点大门。监测点大门采用粗框网门形式，宽度为3～4m（双开，单扇宽度1.5～2m），高度与围栏高度一致（1.6～1.8m），需要安装门锁。其中，每个单扇门的样式如下，内网片孔距参照围栏网片，丝径为围栏网片丝径的2倍。门边框为围栏网片边框的2倍（注意：为安装门锁做好预留件）。

门立柱，高度为1.9～2.1m（高出围栏立柱0.3m），焊管直径为围栏立柱2倍。

（2）永久观测区小门。永久观测区小门采用与大门相同材质、相同样式的单扇粗框网门，宽度为1.5m，高度与围栏高度一致。

4. 标牌

（1）监测点大门标志牌。

①正面标准样式：

背面样式：可以增加草地类型等情况说明。样式参照正面。

②标牌材质和字体要求：监测点门牌采用不锈钢材质，底色银色，字体为华文中宋、字体颜色为黑色。风蚀严重地区应采用防风材料制作。

安装方式：标牌与两侧立柱焊接，立柱采用混凝土预埋式。立柱直径参考大门立柱，保证标牌坚固，具有一定的抗风能力。标牌立于围栏外靠近大门的位置（图3-27、表3-10）。

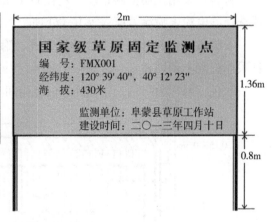

注：标准样式中，所有文字内容均为示例内容，并非准确内容。少数民族地区监测点门牌"国家级草原固定监测点"和监测点名称中文上方可增加蒙古等语言文字。

图3-27　标牌平面示意

表3-10　标牌使用规范

序号	内容	使用要求
1	标志牌尺寸	长×宽：2.0m×1.36m 标牌下沿距地面高度0.8m 标志牌上沿距地面高度约2.16m

续表

序号	内容	使用要求
2	监测点编号	按照农业部统一授予编号填写
3	监测点统一名称	国家级草原固定监测点
4	监测单位	县（市）草原监理站等
5	建设时间	年　　月　　日，中文大写数字

（2）小区标志牌。

①标志牌位置：

在常规监测区、永久观测区、刈割监测区（可选择设置火烧管理区）、科研试验区分别设置小标志牌，位置如图3-25所示。

②正面标准样式（以常规监测区为例，图3-28）：

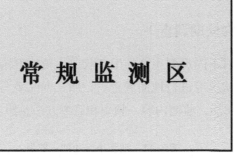

图3-28　小区标牌平面示意

③标牌材质和字体要求：

材质和字体要求参照大门标志牌。标志牌长、宽分别为1.0m、0.68m。标牌下沿距地面高度1m。标志牌上沿距地面高度约1.68m。

5. 隔离桩

围栏内各观测小区用隔离桩分隔，每20m间隔埋设一个（位置如图3-25中虚线所示）。隔离桩材质为水泥柱，地上部分长宽高规格为150mm×150mm×1 200mm或规格相似的不锈钢管。

6. 定位拍照标识

在各观测小区中央，以及辅助观测区（围栏外对照观测样地）中间分别设置定位拍照标识一个，总计6个。材质为水泥柱（地上部分长宽高规格为140mm×140mm×1 000mm）或近似规格的不锈钢管。每次拍照时，在标识基部放置A3大小的白色纸板，上面注明监测点所在省区、县（旗），以及编号、观测小区名称（或围栏外）、观测日期（小写数字，如2012.2.20），具体如图3-29所示。

图3-29　定位拍照示意

7. 移动罩笼

移动罩笼由5面网片组成，整体规格为1 000mm×1 000mm×1 000mm。框架材质为钢质结构，网片丝径3.0mm，网孔150mm×150mm。

三、监测规范（物候期调查）

监测采用定期对不同观测小区的生态状况、植物群落特征及生产力、草原利用状况、草原灾害状况等进行地面调查、拍照、即时填写有关规范性表格的方法进行。具体监测区功能，监测内容、频率和监测方法参照表3-11、表3-12。

表3-11　监测小区功能一览表

监测小区名称	面积（亩）	功能
常规监测区	15	定期进行植被、土壤采样、观测、拍照和记录。包括物候期记录、生长季每月测定群落地上生物量、盖度和高度；生长盛期测定物种数、毒害草；每月测定表层土壤含水量；每2年测定一次土壤主要物理和化学性质（如容重、土壤有机碳）。每月拍照，记录地表状况
永久观测区	3	永久性围封，不进行任何采样和人为扰动，用于观察草原群落自然演替，生长季每月只作观测、拍照、记录
刈割监测区（火烧管理区）※	5	秋季打草一次，打草前后监测高度、盖度、生产力和植物种类等，探究植被补偿生长能力 通过实验评估火烧管理对于群落的影响。每年春季火烧一次，探究火烧管理对草原的影响，监测内容参考常规监测区
科研试验区※	7	在该区设置气象站；可开展各类型草原生态演替试验，为草原科研提供接口，充分发挥监测点作用
合计	30	

注：※开展专项研究时

（一）调查记录方法

1. 物候

植物长期适应一年中温度和水分之节律变化，形成的与此相适应的植物发展节律，称为物候。对于草原生态系统，主要记录群落的优势种和季相外貌的指示种，重点监测返青期、开花期（生长盛期）、凋落期（黄枯期）时间。观测物候的时间最好选在下午。

2. 生物性指标

对于植被盖度、草群平均高度、产草量等常规生物性指标，可参照《全国草原监测技术操作手册》。

3. 凋落物生物量

在测定地上生物量的剪草样方框内，用手将当年的凋落物捡起。将收集到的凋落物，按样方分别装入塑料袋内，编上样方号，带回实验室处理。在实验室内，用软毛刷清除凋落物上附着的土粒和污物，然后置于鼓风干燥箱内烘干称重。

4. 土壤监测

（1）土壤水分。如果做土壤剖面，可以简单分4级，分别用1、2、3、4代替；1表示干，土壤水分在凋萎系数以下；2为润，介于凋萎系数与田间持水量之间；3为潮，土壤水分高于田间持水量；4为湿，土壤孔隙充满水。

实地测定土壤水分时，可利用土壤水分快速测定仪在10～20cm土层深度多次测定，取平均值，每年利用土钻法校准一次（用铝盒、烘箱等测定）。

（2）土壤质地。一般用湿搓法，采用如下简易分类。

沙土：干时抓在手中稍一松开即散落，润时可成团，但一碰即散。

沙壤土：干时手搓成团，但极易散落；润时搓成团后，用手小心拿起不会散开。

壤土：干时搓成团，小心拿起不会散；润时搓成团后，也不易散开。

黏土：干时呈坚硬块状，湿时可搓捻圆环状。

（3）土壤样品采集与处理。土壤性质一般比较稳定，如全量化学组成、机械组成等性质可3～5年测定一次。土壤性质的分析与测定的目的不同，因而采样方法也不同。为了确定土壤的类型，其分析样品的采集可沿土壤剖面分层采样。而为了农业化学目的，其采样一般在试验区内多点采样，采样0～20cm，多点混合。

从野外采集的土样，在剥除土壤以外的侵入体后，铺于干净的白纸上，自然风干。

表3-12　固定监测点监测内容

监测项目	监测指标	监测频度和时间	主要内容和依据方法
植物群落特征及生产力	物候期观测	4—10月的每月1日和15日左右，条件允许可适当增加观测频率	记录返青期、开花期和凋落期时间；方法参考全国草原返青期地面观测技术要求
	群落照片	4—10月的每月1日和15日	方法参照下一节内容
	高度	5—9月的每月1日和15日	方法参照《全国草原监测技术操作手册》
	盖度	5—9月的每月1日和15日	
	总产草量	6—9月的每月1日和15日	
	可食产草量	6—9月的每月1日和15日	
辅助区草原利用	利用方式	春、夏、秋、冬每季观测1次	参照《全国草原监测技术操作手册》，根据每个点实际情况，对辅助监测场进行记录
	利用强度		
生态状况	地表观测	6—9月的每月1日和15日	
	积雪厚度	12—2月的每月15日	在对照样地测15次，取平均值；测量时拍照，照片形式参考群落照片，照片名称表明"省区+县+日期+积雪厚度-厘米"
	凋落物量	9月15日	记录地表凋落物状况（g/m²）
	土壤水分	5—9月的每月1日和15日	0～20cm土层深度多次测定取平均值，每年利用土钻法校准一次
	土壤质地、机械组成	8月15日	第一年测定本底数据，以后每3年测定一次；对于不具备测定条件的站点，可将样品送到省级科研院所有关实验室进行测定（待测样品在进行化学测定前注意低温保存）
	土壤容重	8月15日	
	土壤含盐量	8月15日	
	土壤pH	8月15日	
	土壤有机质	8月15日	
	土壤全氮含量	8月15日	
	生物多样性（记录植物种数及盖度所占比、重量所占比，计算各自优势度）	8月15日	方法参照GB 19377—2003《天然草地退化、沙化、盐渍化的分级指标》
草原灾害	鼠虫害		根据小区设置情况按相关标准进行监测
其他社会经济指标调查（所在县的草原面积、牧户数、牲畜数、退化草原面积、人均收入等）			每年测定一次，方法参照《全国草原监测技术操作手册》

注：由于天气等原因，监测时间可前后变动2天

当土样达到半风干状态后，及时捏碎大土块。

将土样平铺于木板或塑料板上，用木棍压碎，用四分法留取待分析土样约500g，处理过程中及时清除残根、石子等杂物。

供pH、有效养分等分析的土样用10号筛处理。

供土壤矿质成分的全量分析及有机质、全氮等化学分析，需用100号或60号筛处理。

过筛后土样充分混匀后装入玻赛广口瓶或塑料瓶中保存，并在瓶内外各附一张标签，保存供分析之用。

（4）土壤容重的测定。又称土壤密度，指单位容积烘干土的质量。容重小，表明土壤比较疏松，孔隙多，通透性好，反之表明土体紧实，结构性和通透性较差。测定土壤容重常采用环刀法。用环刀取代表性的原状土，称重并计算单位容积的烘干土质量，即为土壤容重。测定容重所用主要设备是不锈钢环刀（通常直径5cm，环高5cm容积约为100cm³）。

其他机械组成、土壤含盐量、土壤pH、土壤有机质、土壤全氮含量等指标测定方法可参照本汇编推荐的有关参考书。监测点在第一年测定本底数据，以后每3~5年测定一次；对于不具备测定条件的站点，可将样品送到省级科研院所有关实验室进行测定。

5. 生物多样性

在样方内记录植物种数，并分别估测每种植物相对覆盖度和相对重量值，计算每种植物的综合算术优势度（SDR）。

$$SDR=（C'+P'）/2$$

式中：C'为某种植物的相对覆盖度值。用该种植物的投影盖度（C）的绝对值（%）除以群落各种植物总的投影盖度绝对值的比值；

P'为某种植物的相对重量值。用该种植物齐地面剪割的地上部重量（P）绝对值除以群落地上部各种植物总重量绝对值的比值。

当SDR值大于60%时，该植物为群落的优势种；两种植物的SDR值同时都大于60%时，该两种植物为共同优势种。

（二）照片记录方法

获得长时期连续的、清晰的样地景观照片，能够客观反映样地所在的草原生态系统动态变化规律。在国家级草原固定监测点拍摄和保存样地照片过程中，应注意以下事项。

1.拍摄内容

拍摄的野外监测照片为观测场地的景观照片，取景构图过程中应把观测场地中央的定位拍照标识桩充当参照物，使照片能够清晰反映样地的草原类型、地形、地貌、植被盖度和草群高度等。在不同季节、不同年份拍摄时，应当保证取景构图的一致性，从而让其他监测人员容易辨认。取景时可参考特殊地形或标志性植物（如小灌木）。另外，为清晰记录样地的盖度、群落组成等状况，还应当拍摄样地的俯视照片，并存入档案。

2.拍摄技巧

在野外拍摄草原景观照片时，应当注意拍摄技巧，注意取景、聚焦、景深和用光等。

3.照片编号

在拍摄照片时，照片中应包括打印的照片编号。照片编号应当依据固定监测点编号、小区名称、日期等有关信息，如0032-常规-2011-03-12或0032-常规-2011-03-12F，其中F代表俯视。监测人员在返回办公室后，应当对所拍摄的照片进行归类、整理，并于每年年底刻录到光盘中作一次备份。

四、信息的采集处理

（一）信息管理

1.表格填写

在固定监测点监测过程中，监测人员应该认真填写表格内容，有关技术方法可参照《全国草原监测技术操作手册》。对于监测过程中遇到的问题及时向省区固定监测技术组反映，由省区监测专家协助解决。

2.工作记录

每个国家级草原固定监测点应配备专用的工作记录本，对每次的监测工作情况进行记录。记录内容包括监测时间、参加人员、监测内容、原始数据、特殊情况备注等。

3.资料存储

每次野外监测工作结束后，每个监测点负责人应指定专人对样品和资料进行整理，包括样品测定、样品存储、数据输入电脑、上传数据、填写工作记录等。所有电子文档和有关数据应当每月用光盘备份一次。每个国家级草原固定监测点应配备专用资料柜对监测资料进行存储。

（二）数据报送

各县（市）固定监测点每年10月10日前应当对本固定监测点的监测工作开展情况、主要监测结果等内容进行归纳分析，完成本监测点年度报告，并将其报送省（区）级固定监测工作领导小组。文字报告应包括如下内容。

（1）本县（市）固定监测点基本情况。地理分布、基本情况、监测点布置情况（刈割监测区、火烧管理区、科研试验区，以及对照样地的布置）。

（2）监测工作开展情况。样地数、样方数、照片数量和容量、入户调查数、参加工作人数、工作起止时间、野外里程数（估测）、样品分析测定和资金使用情况等信息。

（3）草原资源与生态概况。通过固定监测点资料汇总分析本县（市）草原生产及与上年的比较（估测）、草原生态状况、载畜量、载畜平衡状况等。

五、科学实验

截至2020年底，全省草原固定监测点已采集各类监测数据30余项、10万余个数据。为实现草原地面观测和气象、土壤资料的有机结合，强化草原生态预测预报工作，在科研试验区安设了田间小气候自动观测仪，对空气温度、相对湿度、雨量、土壤温度、土壤湿度等气象参数进行全天候自动监测，获取实时、历史气象数据，并联合高校开展了土壤理化性状及养分检测，全面分析评价草原生态状况。

（1）以辽西北不同草原区黄背草+羊草、羊草+羊胡苔草+百里香、野古草+荆条和隐子草+狗尾草+杂草类群落4种典型群落为研究对象，分析不同植物群落的特征和土壤特性。结果表明，相较于其他3种草原典型植被群落，隐子草+狗尾草+杂草类群落的植被高度、盖度和地上生物量最小，土壤水分含量最少，土壤速效氮磷钾的实际供应能力最低、土壤肥力最低且该群落中杂草类植被种类以蒿类、委陵菜为主，根据草原退化演替过程植被群落变化的相关研究，冷蒿、委陵菜为重度或过度放牧的沙化退化草原的典型植被类型。因此，隐子草+狗尾草+杂草类植被群落应予以重点保护，实施全面禁牧促进植物群落稳定，提高群落特征值和土壤肥力。

（2）采集辽宁西北部典型草原区北票市、阜新蒙古族自治县国家级草原固定监测点监测的2015—2016年天然牧草生长发育、地上生物量等基本数据，结合气象资料，系统分析了气候条件对辽宁西北部草原区天然牧草生长发育及产量的影响。结果表明，2015—2016年，辽宁西北部典型草原区天然牧草高度、盖度与同期降水量呈正相关，降水量大的年份，天然牧草的高度、盖度更大。天然牧草产量与同期降水量、气温均呈正相关，降水量大、温度高的年份，牧草产量越多。降水和气温是制约辽宁西北部草原区天然牧草生长发育及产量的关键气候因子，且降水的影响大于气温。

前人研究也表明，在干旱、半干旱草原区，水分是牧草生长发育的最主要影响因素，而温度升高对牧草生长发育的影响不明显，且在水分严重匮乏的地区，温度升高会加剧蒸发，使土壤干旱，从而加重对牧草的胁迫。即"暖湿性"气候有利于牧草生产力的提高，"暖干性"气候会使牧草生产力降低。

近50年来，辽宁西北部地区气候暖干化现象严重，平均气温明显升高、降水量呈下降趋势。若未来该地区继续向"暖干性"气候趋势发展，那么水分对辽西北牧草生长发育和产量的影响将更加明显，牧草生产力降低，并且会影响辽宁西北部草原生态系统的结构和功能。因此，提出科学、可行的气候变化应对方案刻不容缓。

（3）在辽西北草原区选取5个典型温带灌草丛样地，进行草地生物多样性和草地生产力的试验研究，探究草地生物多样性与草原生产力的关系，为该地区草地恢复和生物多样性保护提供理论参考。研究表明，在辽西北温带灌草丛类草原，物种丰富度指数越高，物种数目越多，群落组成就越复杂，多样性指数越高。同时，有更多的物种分占相似的生态位，使得各物种间的分配状况、立地条件更均匀，从而均匀度越高。相反，物种丰富度越低，物种数目越少，使得荆条、虎榛子等小灌木物种的竞争力提高，占据优势生态位，从而群落组成变得单一，多样性和均匀度指数降低。

有研究表明，优势种的生物量与地上生物量呈极显著正相关关系，即均匀度越低，物种之间个体数目差异就越大，优势种越突出，其产量就越大，群落生产力也越大。这与本研究辽西北温带灌草丛多样性指数和均匀度与草地生产力呈显著负相关的结论一致。此外，草地生物多样性与生产力的关系还受到许多环境因素如气候、土壤等因子的影响，相关结论有待于更深入的研究。

第四章 草原监测成果分析

完成草原监测现场调查、数据网上报送后，需要市级和省级草原管理部门对监测数据进行审核，之后对监测数据汇总分析，得出监测结果，经业界专家领导审核论证后，作为年度草原监测结论。辽宁省从2006年开始每年编制全省草原监测报告，进行草原监测结果分析，形成了以草原监测数据库、监测工作总结、监测结果报告和研究论文等为主体的系列草原监测成果，为草原管理和保护利用建设提供了基础依据，也为全省草原工作保留了重要文件资料。

第一节 草原生产力与草原利用

草原生产力与草原利用是辽宁省重点关注的草原生产生态指标，在利用方式不变的情况下，草原植被生产力高，则草原生产水平较高，生态演替也处于正向发展过程；反之，在同等利用条件和气象条件下，草原植被生产力变低，则草原生产水平随之下降，生态水平也随之下降。通过近年来的草原监测结果分析，辽宁省草原生产力水平呈上升趋势，当前处于较高水平，天然草原利用也更趋合理。

一、草原生产力处于较高水平

基于辽宁省天然草原生产力监测结果，统计分析全省草原生产水平和载畜能力，能够为评价全省草原生产能力和生态状况提供关键指标信息，并为草原资源合理利用和草原科学规划提供依据。草原生产力是指在草原（利用）现实状况下，一定时期内一定面积草原植物形成地上生物量的能力，是草原生态系统第一性生产的能力。辽宁省主要草原区禁牧，草原植被生长季为返青期至枯黄期，按各监测区草原植被生长盛期时，当年生长的地上生物量风干重单产和确权草原面积统计，计算分析全省和各市县的草产量、草原级和理论载畜量。

（一）全省主要草原区产草量

当前，全省11个市21个县124个样地监测结果表明，各地草原产草量单产均在1 500kg/hm²以上（表4–1）。其中，3 000kg/hm²以上的县5个，最高达3 722.59kg/hm²，主要分布于东部和南部草原区；2 500~3 000kg/hm²的县8个，主要分布于东北部和西南部草原区；2 000~2 500kg/hm²的县有3个，主要分布于西部和南部草原区；低于2 000kg/hm²的县有5个，主要分布于西北部草原区。总体呈现由东向西、由南向北递减态势。

表4-1　2019年辽宁省主要草原区产草量统计

序号	城市	县（市、区）	草原确权面积（hm²）	县占市草原面积权重	县草原平均单产（kg/hm²）	市草原平均单产（kg/hm²）	县草原总产量（万t）
1	沈阳市	康平县	6 413.33	1.00	2 705.56	2 705.56	1.74
2	鞍山市	岫岩县	12 566.67	1.00	2 066.55	2 066.55	2.60
3	抚顺市	新宾县	10 400.00	0.46	2 833.33	2 684.14	2.95
4		清原县	12 333.33	0.54	2 558.33		3.16
5	本溪市	本溪县	4 133.33	1.00	3 466.67	3 466.67	1.43
6	丹东市	宽甸县	18 085.33	0.48	2 833.33	3 078.01	5.12
7		凤城市	19 933.33	0.52	3 300.00		6.58
8	锦州市	黑山县	7 133.33	0.06	1 833.33	2 552.31	1.31
9		义县	69 533.33	0.63	2 850.28		19.82
10		凌海市	33 400.00	0.30	2 085.52		6.97
11	阜新市	阜蒙县	144 666.67	0.65	1 674.13	1 990.52	24.22
12		彰武县	76 333.33	0.35	2 590.13		19.77
13	盘锦市	盘山县	204.00	1.00	3 722.59	3 722.59	0.08
14	铁岭市	西丰县	360.00	1.00	2 900.00	2 900.00	0.10
15	朝阳市	朝阳县	96 746.67	0.21	3 877.33	2 405.72	37.51
16		建平县	76 246.67	0.17	1 854.49		14.14
17		喀左县	80 000.00	0.18	3 026.83		24.21
18		北票市	120 000.00	0.27	1 505.00		18.06
19		凌源市	79 457.33	0.18	1 877.78		14.92
20	葫芦岛市	连山区	21 040.00	0.22	2 072.22	2 643.94	4.36
21		建昌县	74 680.00	0.78	2 805.02		20.95

2019年，全省草原平均产量为2 400.42kg/hm²，按已确权草原面积计算，总产量为246.52万t（表4-2）。由于各地草原面积和类型不同，总产草量差异较大，总产草量较多的市县多分布于西部、北部和东部等主要草原区。

表4-2　2019年辽宁省产草量统计

序号	城市	草原确权面积（hm²）	面积所占权重	草原平均单产（kg/hm²）	草原总产（万t）
1	沈阳市	6 413.33	0.0062	2 705.56	1.74
2	鞍山市	12 566.67	0.0122	2 066.55	2.60

续表

序号	城市	草原确权面积（hm²）	面积所占权重	草原平均单产（kg/hm²）	草原总产（万t）
3	抚顺市	22 733.33	0.0220	2 684.14	6.10
4	本溪市	4 800.00	0.0047	3 466.67	1.66
5	丹东市	38 377.33	0.0372	3 078.01	11.81
6	锦州市	127 445.33	0.1236	2 552.31	32.53
7	阜新市	221 000.00	0.2143	1 990.52	43.99
8	盘锦市	204.00	0.0002	3 722.59	0.08
9	铁岭市	1 593.33	0.0015	2 900.00	0.46
10	朝阳市	463 272.67	0.4492	2 405.72	111.45
11	葫芦岛市	132 940.00	0.1289	2 643.94	35.15
全省		1 031 846.00	1.00	2 400.42	246.52

（二）辽宁省草原总产草量多年对比

与前5年相比，2019年总产草量有明显提升（图4-1），同比提高27.18%，比前5年平均值提高40.17%。近年来，总产草量从150多万t向上提升到190万t左右，今年又提升到240万t以上，总体呈上升趋势。总产草量提高的原因与盖度、高度值增加相似，主要是因为近年来持续进行草原保护和降水条件较好影响。

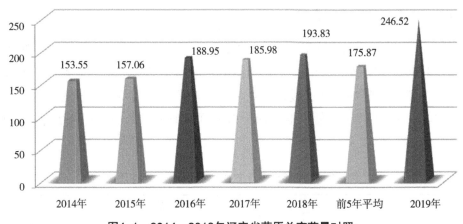

图4-1　2014—2019年辽宁省草原总产草量对照

（三）全省主要草原区草原级评定

草原级评定依照《天然草原等级评定技术规范》（NY/T 1579—2007）。按国家监测统计要求，可食牧草产量为草原总产量减去有毒有害植物重量，本次草原生产力监测统计时已去除。全省草原平均单产按照规范，处于3级草原水平（表4-3），高于上年的4级草原水平；各监测市、县集中处于2～4级水平，3级最多，且分布于全省各草原区；高于全省平均草原级的市有3个，主要分布于东南部草原区，县有5个，东南部和西北部草原区都有；低于全省平均草原级的市有1个，主要分布于北部草原区，县有5个，主要分布于西北部草原区。

表4-3 2019年辽宁省主要草原区草原级统计

草原级	划分标准（kg/hm²）	市名称	县名称
1级草原	可食牧草产量≥4000	—	—
2级草原	3000≤可食牧草产量＜4000	本溪市、丹东市、盘锦市	本溪县、凤城市、盘山县、朝阳县、喀左县
3级草原	2000≤可食牧草产量＜3000	沈阳市、鞍山市、抚顺市、锦州市、铁岭市、朝阳市、葫芦岛市	康平县、岫岩县、新宾县、清原县、宽甸县、义县、凌海市、彰武县、西丰县、连山区、建昌县
4级草原	1500≤可食牧草产量＜2000	阜新市	黑山县、阜蒙县、建平县、北票市、凌源市
5级草原	1000≤可食牧草产量＜1500	—	—
6级草原	500≤可食牧草产量＜1000	—	—
7级草原	250≤可食牧草产量＜500	—	—
8级草原	可食牧草产量＜250	—	—

（四）全省各类草原产草量

辽宁省草原主要有温性草原、温性草甸草原、暖性草丛、暖性灌草丛、低平地草甸和山地草甸等6类，其中温性草原面积最大、总产草量最高，达到161.42万t；温性草甸草原、暖性草丛、暖性灌草丛面积较小，总产草量分别为19.77万t、19.34万t、19.82万吨t；低平地草甸、山地草甸最少，分别为7.04万t、2.60万t（表4-4）。

表4-4 2019年辽宁省主要草原区草原类产量统计

草原类	温性草原	温性草甸草原	暖性草丛	暖性灌草丛	低平地草甸	山地草甸
总产量（万t）	161.42	19.77	19.34	19.82	7.04	2.60

各类草原平均单产，暖性草丛和暖性灌草丛较高，达到2 964.41kg/hm²、2 850.28kg/hm²，温性草甸草原处于平均水平，为2 590.13kg/hm²，温性草原、山地草甸较小，分别为2 285.11kg/hm²、2 066.55kg/hm²（图4-2）。

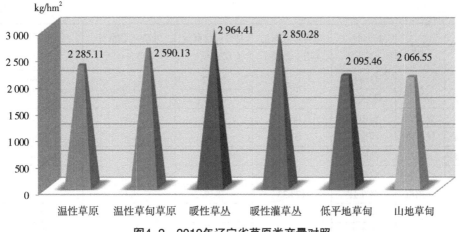

kg/hm²

图4-2　2019年辽宁省草原类产量对照

（五）全省主要草原区载畜能力分析

辽宁省主要草原区禁牧，用合理载畜量衡量各草原区载畜能力和草畜生产能力。2019年全省主要草原区从返青期到枯黄期，总体合理载畜量为396.67万个羊单位，平均每公顷草原合理载畜量为3.86个羊单位（表4-5）。各地合理载畜量值高低分布与总产草量相同，高值主要分布于西部、北部和东部等草原面积较大地区；草原单位面积合理载畜量高值主要分布于南部和东部等植被生长条件较好地区。辽宁省天然草原多处于半干旱地区，生态脆弱，且草原承载能力与全省约5000万个羊单位的草食家畜养殖量对比相差很大，应坚持生态优先原则，科学合理利用草原资源。

表4-5　2019年辽宁省主要草原区草原合理载畜量统计

序号	城市	县（市、区）	市合理载畜量（万羊单位）	县合理载畜量（万羊单位）	市合理载畜量（羊单位/公顷）	县合理载畜量（羊单位/公顷）
1	沈阳市	康平县	2.79	2.79	4.35	4.35
2	鞍山市	岫岩县	4.18	4.18	3.33	3.33
3	抚顺市	新宾县	9.82	4.74	4.32	4.56
4		清原县		5.08		4.12
5	本溪市	本溪县	2.68	2.31	5.58	5.58
6	丹东市	宽甸县	19.01	8.25	4.95	4.56
7		凤城市		10.58		5.31
8	锦州市	黑山县	52.34	2.10	4.11	2.95
9		义县		31.89		4.59
10		凌海市		11.21		3.36

序号	城市	县（市、区）	市合理载畜量（万羊单位）	县合理载畜量（万羊单位）	市合理载畜量（羊单位/公顷）	县合理载畜量（羊单位/公顷）
11	阜新市	阜蒙县	70.78	38.97	3.20	2.69
12		彰武县		31.81		4.17
13	盘锦市	盘山县	0.12	0.12	5.99	5.99
14	铁岭市	西丰县	0.17	0.17	4.67	4.67
15	朝阳市	朝阳县	179.33	60.36	3.87	6.24
16		建平县		22.75		2.98
17		喀左县		38.96		4.87
18		北票市		29.06		2.42
19		凌源市		24.01		3.02
20	葫芦岛市	连山区	56.56	7.02	4.25	3.33
21		建昌县		33.71		4.51
	全省		396.67		3.86	

二、天然草原利用更趋合理

辽宁草原地理位置特殊，处于东北森林带、东北平原农业耕作带和北方草原区三区交错地带，草原与耕地和林地交错分布，多呈斑块状，单块面积小，且多为丘陵和山地，草原牧草不能大规模现代化机械生产利用，利用方式上更宜于放牧利用。

（一）草原利用方式的转变

辽宁省草原多处于半农半牧区或农区，草原的利用与农牧户生产生活息息相关。在20世纪，农牧户到草原上砍柴，把半灌木或小灌木作为燃料用于生活，造成草原上小灌木类植被的大面积减少；牧户到草原上放牧，过度放牧又造成了草原大面积退化沙化；农户在草原上开垦种粮，造成了草原大面积减少，而由于草原土层瘠薄，种粮产量低，却破坏了天然草原，又造成生态功能下降，生态环境恶化。

2010年辽宁省颁布封山禁牧令，草原植被也随之得到了保护。2008年开展了草原权属确定，各地草原划定了权属。2009—2015年，辽宁省政府实施了辽西北草原沙化治理工程，在原辽宁省畜牧兽医局和原辽宁省草原监理站的精心组织指导下，在康平县、义县、阜蒙县、彰武县、朝阳县、建平县、喀左县、北票市、凌源市、建昌县、朝阳市龙城区和双塔区等12个半农半牧县（市、区）草原管理部门共同努力下，综合治理了690万亩退化沙化草原，对草原起到了重要保护作用。2013年起，辽宁省在阜蒙县、彰武县、建平县、喀左县、北票市等5个国家级半牧县落实了国家草原生态保护补助奖励机制政策，给承包草原的农牧户发放禁牧补助和生产资料补贴，实施草原禁牧。

随着经济社会的发展，且实施了一系列项目政策，有力地促进了草原利用方式的转变。21世纪，农牧户逐渐开始使用电器和燃气，不到草原上砍柴了，小灌木和半灌木得以恢复；通过禁牧，草原植被得到有效恢复，草原生态水平有了显著提升；通过草原执法，草原面积得到有效控制。因此，辽宁省草原利用从粗放式利用转变为全面禁牧。

（二）辽宁省草原利用发展趋势

辽宁省草原利用应坚持生态优先，科学合理利用草原资源原则。当前，辽宁省草原经过多年治理，草原植被得以有效恢复，生态环境得到明显改善，草原利用应从全面禁牧向合理放牧利用转变。受地理位置和气象条件影响，辽宁草原多分布于辽宁西部和北部等半干旱地区，生态环境极为脆弱，宜以保护为主，放牧利用为辅；而辽宁东部和南部草原区生态条件较好，宜以放牧利用为主。辽宁省草食家畜饲养以小区养殖或家庭舍饲为主，通过草原划区放牧，可释放一部分放牧需求，有利于农牧区草畜协同发展。通过设定科学合理的载畜量，既不浪费草原牧草资源，又能促进牧草再生，还能减缓草原防火压力。既要发挥草原的重要生态屏障作用，又要发挥草原的生产价值，走绿色发展之路，实现人与自然和谐共生。

第二节　草原综合植被盖度

草原植被盖度是指样方内各种草原植物投影覆盖地表面积的百分数。因各地区各类型草原面积不同，统计时需按所占面积权重计算草原综合植被盖度，以定量反映大尺度范围内草原的生态质量状况，直观表现较大区域内草原植被的疏密程度。这一指标已被纳入《国民经济和社会发展第十三个五年规划纲要》《生态文明建设目标评价考核办法》和《生态文明建设考核目标体系》，是当前最为重要的草原植被指数。

一、各监测区草原植被盖度

2019年草原植被生长盛期，全省11个市21个县124个样地监测结果表明，各地草原植被盖度均在57%以上（表4-6）。其中，80%以上的县6个，主要分布在中部草原区；70%~80%的县6个，主要分布于东部和南部草原区；57%~70%的县9个，主要分布于西部和北部草原区。各地区草原植被盖度与所处地理位置相关性大，大体上由东向西、由南向北呈递减趋势。

表4-6　2019年辽宁省主要草原区植被盖度统计

序号	城市	县（市、区）	草原确权面积（hm²）	县占市草原面积权重	县草原植被盖度（%）	市草原综合植被盖度（%）
1	沈阳市	康平县	6 413.33	1.00	70.00	70.00
2	鞍山市	岫岩县	12 566.67	1.00	89.23	89.23
3	抚顺市	新宾县	10 400.00	0.46	86.97	86.43
4		清原县	12 333.33	0.54	85.98	
5	本溪市	本溪县	4 133.33	1.00	87.30	87.30
6	丹东市	宽甸县	18 085.33	0.48	78.17	78.17
7		凤城市	19 933.33	0.52	78.17	
8	锦州市	黑山县	7 133.33	0.06	80.00	72.34
9		义县	69 533.33	0.63	70.84	
10		凌海市	33 400.00	0.30	73.81	
11	阜新市	阜蒙县	144 666.67	0.65	66.41	66.51
12		彰武县	76 333.33	0.35	66.69	
13	盘锦市	盘山县	204.00	1.00	87.00	87.00
14	铁岭市	西丰县	360.00	1.00	74.77	74.77
15	朝阳市	朝阳县	96 746.67	0.21	67.83	65.25
16		建平县	76 246.67	0.17	57.94	
17		喀左县	80 000.00	0.18	69.45	
18		北票市	120 000.00	0.27	62.29	
19		凌源市	79 457.33	0.18	69.35	
20	葫芦岛市	连山区	21 040.00	0.22	64.44	66.46
21		建昌县	74 680.00	0.78	67.03	

二、全省草原综合植被盖度

通过对11个监测市的草原综合植被盖度加权平均计算，辽宁省草原综合植被盖度为67.94%（表4-7）。各地区草原植被盖度差异较大，低于平均值的市虽然只有3个，但面积所占权重达到0.7924，主要草原区草原植被盖度低于全省平均值。

表4-7　2019年辽宁省草原综合植被盖度统计

序号	城市	草原确权面积（hm²）	面积所占权重	草原综合植被盖度（%）
1	沈阳市	6 413.33	0.006 2	70.00

续表

序号	城市	草原确权面积（hm²）	面积所占权重	草原综合植被盖度（%）
2	鞍山市	12 566.67	0.012 2	89.23
3	抚顺市	22 733.33	0.022 0	86.43
4	本溪市	4 800.00	0.004 7	87.30
5	丹东市	38 377.33	0.037 2	78.17
6	锦州市	127 445.33	0.123 6	72.34
7	阜新市	221 000.00	0.214 3	66.51
8	盘锦市	204.00	0.000 2	87.00
9	铁岭市	1 593.33	0.001 5	74.77
10	朝阳市	463 272.67	0.449 2	65.25
11	葫芦岛市	132 940.00	0.128 9	66.46
全 省		1 031 346.00	1.00	67.94

三、全省草原综合植被盖度年际动态

辽宁省各地区草原植被盖度受地理位置差异和气候带跨越影响，分布不均、分化严重，还受年度间水热条件影响而变化。辽宁省总体草原综合植被盖度受草原类型、草原植被群落结构、草原利用方式、地区气候条件、区域隐域性环境条件、草原面积所占权重等多方面因素影响。其中变化最大也最易影响的因素是当年气候条件，如辽西北地区若受旱灾，草原植被生长受限，草原盖度值就会受到明显影响，如果雨热条件较好，则盖度值也随之较高。前5年，辽宁省草原综合植被盖度在61%～64%，平均值为63.01%（图4-3）。2019年盖度值有显著增加，高于前5年平均值4.93个百分点，高于上年4.81个百分点。

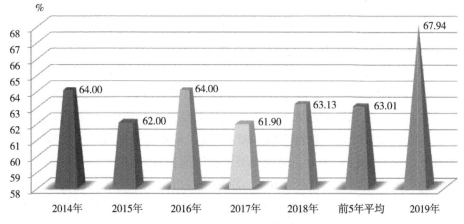

图4-3 2014—2019年辽宁省草原综合植被盖度对照

第三节　草原生态

一、草原生态加剧恶化的势头初步得到遏制

辽宁省委、省政府高度重视草原生态文明建设，积极开展草原生态修复工程、落实各项草原生态修复政策。2009—2015年在辽西北的10个半牧县开展了辽西北草原沙化治理工程，2012年至今实施草原生态保护补助奖励激励政策。各级政府更加重视保护和改善草原生态环境，促进草原畜牧业发展方式转变，草原生态改善明显，草原生态加剧恶化的势头初步得到遏制。

（1）草原生态保护补奖政策在辽宁省实施以来，有效地推动了草原生态保护与建设进程，有力地促进了生态保护与生产生活和谐可持续发展。全省一期禁牧草原756万亩、二期禁牧草原500.6万亩，合计得到国家的补助奖励资金142 196.4255万元，惠及10.5万牧户。监测结果显示，2019年草原生态补奖地区综合植被盖度为63.58%，同比提高2.98个百分点，较2012年提高15.58个百分点；草原植被高度达到45.04cm，平均提高14.94cm；草原植被生物量为1 518.18kg/hm^2，平均提高了49.75%；草原植物多样性Simpson指数（D）为0.84，平均提高0.12。Shan non-Winer指数（H'）为1.97，平均提高0.41，总体呈上升趋势。

草原地表植被覆盖度增加，裸地面积减少，直接减少了沙土扬尘和水土流失。植被高度和生物量的增加，提高了草地涵养水源、净化空气能力。生物多样性指数的提高，增加了生态稳定性，有利于生态环境安全的保持。

（2）辽西北草原沙化治理工程项目区草原分为4个类型区，即荒漠化类型区、沙化类型区、重度退化类型区、退化（含人工草场退化）类型区，其中荒漠化类型区草原面积96万亩，土壤严重沙化，大部分区域呈沙漠化趋势，植被盖度不足10%，草地植被以荒漠植物为主，自我修复能力极低；沙化类型区草原面积144万亩，土壤沙化严重，有机质含量低，植被盖度10%~20%，草原植被以沙生植物为主，自我修复能力差；重度退化类型区草原面积418万亩，土壤重度退化，有机质含量较低，植被盖度20%~30%，草原植被构成单一，牧草质量差，具有一定的自我修复能力；退化类型区草原面积360万亩，土壤退化较重，有机质含量适中，植被盖度30%~40%，草地植被以劣质草为主，优良牧草比例低，质量差；建植时间长、牧草产量低、局部垦草种粮的退化人工草地面积50万亩。

工程累计完成草原围栏建设面积690万亩，埋设围栏立柱500余万根，挂设刺线2万t，建设围栏线路总长度1.8万km；完成牧草补播面积417万亩；完成草原鼠害防治面积500万亩、虫害防治面积607万亩；累计设置草原监测样地1 413个，完成样方监测数据25 432组。

通过项目实施，项目区较对照区天然草原植被盖度由40.38%提高到74.63%，植被高度由29.84cm提高到48.99cm，干草亩产量由87.50kg提高到173.43kg，分别比对照区提高了84.82%、64.18%和98.21%；2009—2015年，累计新增牧草产量324.86万t，草原植被显著恢复，实现了治理一片、成功一片、见效一片的预期目标；通过项目建设共完成人工草地建植面积37.4万亩，平均干草亩产量484.82kg，较对照区提高1 797.5%，7年累计新增优质苜蓿产量124.95万t。

另据省风沙地改良利用研究所监测，项目实施前后，项目区覆沙厚度由7.0cm减少到5.0cm，风蚀深度由5.5cm减少到0.4cm，风蚀点数由20个减少到6个，草地20cm以上表土含水量由15%提高到40%，流动沙丘数量由27个减少到6个，沙丘滚动距离由每年1.21m下降到0.31m，风道由12条减少到3条，扬沙天数由每年40d减少到18d。另据省水土保持研究所监测，项目区土壤容重由1.51g/cm³下降到1.42g/cm³以下，土壤有机质含量由1.58%提高到1.64%，平均径流模数为7.76万m³/a·km²，草地侵蚀模数为1 019t/a·km²，保土效率达到53.85%，水土流失明显降低。

二、草原生态明显改善

辽宁省草原从20世纪80年代的5 000万亩因人为破坏和自然原因，逐年缩减。草原自然生态环境愈加恶化，风沙肆虐，严重影响了生态环境安全和人民的生产生活。进入21世纪以来，国家和辽宁省对生态环境保护越来越重视。党的十八大以来，以习近平同志为核心的党中央将生态文明建设作为统筹推进"五位一体"总体布局和协调推进"四个全面"战略布局的重要内容，坚持生态优先、绿色发展，把坚持人与自然和谐共生纳入新时代坚持和发展中国特色社会主义的基本方略，把生态文明写入宪法，把建设美丽中国纳入新时代中国特色社会主义发展的战略安排。

辽宁省从2005年开始草原监测工作，布设了120个调查样地，2013年开始累计在15个县（市）建设24个国家级草原固定监测点，连续发布15期年度草原监测报告。2008年开始草原权属确定和承包，改变了草原无主、管理无门的状况，确保了草原权属清晰、依法管理、科学建设、合理利用。2009—2015年实施了辽西北草原沙化治理工程，治理退化、沙化草原690万亩，开展草原强化封育、草原改良增效补播、草原生产生态综合监测等关键技术研究，有效改善了辽宁省的草原生态环境，形成了一套行之有效的草原生态治理模式，为我国草原综合治理开辟了新途径，提供了新经验。2012年开始落实国家草原生态保护补助奖励机制政策，2016年二期补奖政策，辽宁省落实禁牧草原500.6万亩，至2018年底累计发放禁牧补贴1.1418亿元，惠及牧户5万余户。

辽宁草原人发挥久久为功精神治理草原，草原自然生态环境也随之持续转好。2019年草原监测报告显示，草原植被长势好于常年。草原综合植被盖度明显增高，辽宁省主要草原区综合植被盖度为67.94%，同比提高4.81个百分点，高于前5年平均值4.93个百分点，有明显增长；草原综合植被高度有所提高，辽宁省主要草原区综合植被高度为41.99cm，同比提高1.10cm，高于前5年平均值2.11cm，近年来总体稳中有升；草原生产水平呈上升趋势，辽宁省主要草原区产草量平均单产为2 400.42kg/hm^2，总产量为246.52万t，同比提高27.18%，比前5年平均值提高40.17%，平均每公顷草原合理载畜量为3.86个羊单位，总体合理载畜量为396.67万个羊单位，产草量、草原级和合理载畜量总体呈上升趋势。严格执行的草原禁牧政策，使得草原植被得以休养生息，草原生态明显改善，各项生态指标均有明显提升，全省草原综合植被盖度2016年为64%、2017年为61.9%、2018年为63.13%、2019年为67.94%，草原级从4级提高到3级，草原生态持续稳定向好，草原区自然生态环境变得更加优美，向2035年美丽中国目标迈出了坚实的一步。

第四节　草原监测应用

一、政府自然资产负债及审计

党的十八届三中全会通过了《中共中央关于全面深化改革若干重大问题的决定》，指出要"探索编制自然资源资产负债表，对领导干部实行自然资源资产离任审计，建立生态环境损害责任终身追究制"。文章研究自然资源负债的内涵与外延并试图给出自然资源负债的核算、处理方法，在此基础上探索审计自然资源负债的审计路径，督促领导干部尽职尽责地保护环境，使自然资源的开发利用更加注重经济效益、社会效益和生态效益的协调统一。

2019年4月22日，为贯彻落实党中央、国务院和省委、省政府的决策部署，切实做好辽宁省自然资源资产负债表编制工作，辽宁省统计局、发改委及省林草局等8个政府部门联合下发了《关于印发〈辽宁省编制自然资源资产负债表实施方案〉的通知》（辽统字〔2019〕6号），全面加强自然资源统计调查和监测基础工作，探索编制自然资源资产负债表。通过建立实物量核算账户、评估自然资源资产变化情况，探索编制自然资源资产负债表，推动建立健全科学规范的自然资源统计调查制度，努力摸清自然资源资产的家底及其变动情况，为推进生态文明建设、有效保护和永续利用自然资源提供信息基础、监测预警和决策支持。林草资源是核算编制的四大自然资源之一，林业和草原部门负责填报林木资源存量及变动表，林木资源年度变动表，森林资源质量及变动表，草地质量等级及变动表，土地资源存量及变动表中的湿地数据。其中草地质量等级及变动表填制的数据来源于草原监测工作，通过监测草原的高度、盖度及可食牧草产量，统计分析出各行政区域草地质量等级及变动情况，完成该项工作任务。

二、生态建设辅助及成效评价

党的十八大以来，以习近平同志为核心的党中央将生态文明建设作为统筹推进"五位一体"总体布局和协调推进"四个全面"战略布局的重要内容，提出了"绿水青山就是金山银山"重要论断，辽宁省委、省政府高度重视草原生态文明建设，各级政府加大了草原保护和建设的力度，积极开展草原生态修复工程，落实各项草原生态修复政策，开展了辽西北草原沙化治理以及退牧还草等工程。投入规模大、实施时间长，为确保工程建设的质量和成效，使生态工程真正发挥应有的效益，需要及时、准确地掌握工程分布状况及效果，建立工程效益动态监测技术系统，为政府宏观管理和指导、监督和检查提供可靠的依据；为完善工程措施，指导农牧民生产提供科学措施与方法。为了全面了解草原保护建设工程实施状况，科学评估工程建设效益，需要在研发基于遥感、模型模拟和地面观测的草原植被变化监测关键技术与系统的基础上，根据草原治理工程的实施范围、目标任务、方法措施，建立一套监测评价指标体系，及时、全面、系统地反映工程实施前后的草原植被与环境变化情况，科学、客观、准确地评价工程实施取得的生态、经济和社会效益。在大面积草原生态工程建设现状与效益监测中，通过遥感监测掌握大面积草原建设工程的规模、分布状况；利用空间卫星数据与地面植被同步采样数据的相关性，快速获得实施工程措施前后的植被、土壤等资源及环境状况；指标体系分评价指标和监测指标两部分，监测指标是获得评价指标的基础，评价指标直接参与评价；采用定性和定量评价相结合的办法，对草原生态建设效益进行综合评价。

参考文献

[1] 谢高地，张钰锂，鲁春霞，等. 中国自然草地生态系统服务价值[J]. 自然资源学报，2001. 16（1）：47-53.

[2] 谢高地，鲁春霞，冷允法，等. 青藏高原生态资产的价值评估[J]. 自然资源学报，2015.18（2）：189-196.

[3] 张维康. 北京市主要树种滞纳空气颗粒物功能研究[D]. 北京: 北京林业大学. 2016.

[4] 赵同谦，欧阳志云，郑华，等. 草地生态系统服务功能分析及其评价指标体系[J]. 生态学杂志，2004. 23（6）：155-160.

[5] 赵同谦，欧阳志云，贾良清，等. 中国草地生态系统服务功能间接价值评价[J]. 生态学报，2004.

[6] 陈全功. 中国草原监测的现状与发展[J]. 草业科学，2008，25（2）：29-38.

[7] 张立中. 中国草原利用、保护与建设评析及政策建议[J]. 农业现代化研究，2012，33（5）：523-528.

[8] 高雅，林慧龙. 草业经济在国民经济中的地位、现状及其发展建议[J]. 草业学报，2015，24（1）：141-157

[9] 张自和. 我国草原生态保护与草业健康发展刍议[J]. 民主与科学，2018，3：21-25

[10] 姜亮亮，马林. 草原监测工作现状及发展对策探讨[J]. 大连民族大学学报，2018，20（4）：319-322.

[11] 负静，阿斯娅·曼力克，等. 草原返青期遥感监测分析[J]. 农业开发与装备，2019，12：59.

[12] 杨智，杨季，刘帅，等. 澳大利亚草原监测工作概述[J]. 草业科学，2010，27（11）：166-170.

[13] 刘加文. 中国草原监测[M]. 北京：中国农业出版社，2015，36-40.

[14] 肖笃宁，李秀珍，高峻. 景观生态学[M]. 第2版. 北京：科学出版社. 2010，5-100.

[15] 张文军. 生态学研究方法[M]. 广州：中山大学出版社. 2009. 20-110.

[16] 王积田，田春兰. 统计学原理[M]. 北京：科学出版社. 2012. 20-150.

[17] 农业部草原监理中心. 全国草原监测技术操作手册[N]. 1-19.

[18] 辽宁省林业发展服务中心. 2019年辽宁省草原监测报告[N]. 12-31.

附录

附录1：

辽宁省草原监测报告

草原是山水林田湖草综合生态系统中的重要组成部分，也是生态文明建设的主战场之一。按照《中华人民共和国草原法》的规定，草原是指天然草原和人工草地。天然草原包括草地、草山和草坡，人工草地包括改良草地和退耕还草地。辽宁草原以草山草坡为主，多为丘陵山地，是我国东部森林区向西北部草原区过渡的核心地带，也是我国北方农牧交错带主要区域之一。全省现有确权草原102.7万hm^2，主要包含温性草原、温性草甸草原、暖性草丛、暖性灌草丛、低平地草甸和山地草甸等六类，大部分布于北部和西部等半干旱地区。草原不仅是发展畜牧业的物质基础，还具有防风固沙、保持水土、涵养水源、固碳释氧、净化空气、维持营养物质循环、开展草原游憩、维系生物多样性等重要生产、生活和生态功能，对于辽宁省及周边省区生态安全具有不可替代的作用。

2020年，辽宁省林业发展服务中心在康平县、岫岩县、本溪县、宽甸县、凤城市、义县、凌海市、阜蒙县、彰武县、盘山县、朝阳县、建平县、喀左县、北票市、凌源市、绥中县和建昌县等17县（市）组织实施了草原监测工作，完成了草原植被生长状况、草原生产水平现状、国家级草原固定监测点动态、草原生态补奖政策效果、辽西北草原沙化治理工程成效和生物灾害防治效果等方面监测调查工作，向国家报送了监测数据信息。在此基础上，组织专家对监测结果进行审核会商，形成了《2020年辽宁省草原监测报告》，可为制订草原保护建设政策提供科学依据。

一、草原植被生长状况

2020年辽宁省草原生长季，全省主要草原区在4月下旬至5月中旬出现旱情，受此影响，返青期推迟了6天，且返青后长势较差。6—8月上旬出现持续旱情，西部草原区严重干旱，植被长势很差。8月中下旬出现有效降水，旱情缓解，草原植被长势逐渐恢复。9月降水较多，枯黄期有所推迟。具体情况如下。

（一）草原植被返青情况

3月，全省日平均气温1.5℃，与常年持平，比上年偏低2.5℃（附图1-1）；全省月平均降水量18.7mm，较常年偏高3.8mm，较上年偏高7.3mm（附图1-2），土壤墒情良好，为草原植被生长提供良好基础条件。4月，全省日平均气温5.5℃，分别比常年和上年偏低4.7℃和5.1℃，但月底迅速提升，草原植被开始返青；全省降水量19.2mm，较常年偏低12.4mm，较上年偏高8.7mm，西北部草原区出现旱情。5月，全省日平均气温17.6℃，与常年和上年持平，降水量89.6mm，较常年和上年分别偏高47.8mm和9.7mm，但分布极为不均，西北部草原区从4月下旬至5月中旬无有效降水，持续干旱。2020年辽宁省主要草原区前期基础条件较好，在4月底随气温上升快速返青，到5月上旬返青率达到50%；根据各草原返青监测点数据显示，草原植被返青率达到50%的日期为4月30日至5月15日，全省主要草原区总体返青率达到50%的日期约为5月7日，比上年提早8天，较常年推迟6天。返青后受干旱影响长势较差。

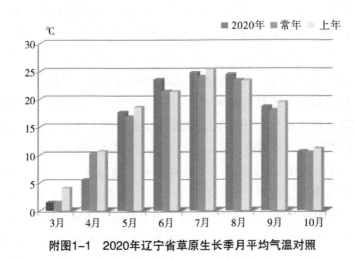

附图1-1　2020年辽宁省草原生长季月平均气温对照

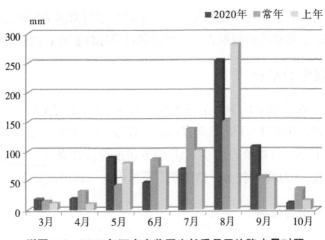

附图1-2　2020年辽宁省草原生长季月平均降水量对照

（二）草原植被生长情况

6月，全省日平均气温23.5℃，高于常年和上年2℃；而月平均降水量47.2mm，分别少于常年和上年39.5mm和25.1mm，且集中于月初和月末，大部分草原区持续干旱少雨。受持续干旱影响，草原植被生长受限，植被长势明显差于常年，与上年相当。

7月，全省日平均气温24.7℃，与常年和上年持平，月内热量条件较好，但月平均降水量为69.8mm，较常年偏少68.4mm，仅为常年一半，比上年偏少31.5mm，比上年还偏少三成。辽宁主要草原区降水严重偏少，造成持续严重干旱，对草原植被生长造成严重影响。特别是辽宁西部草原区，主要植物叶片发黄卷曲，长势很差。

8月，全省日平均气温24.4℃，较常年和去年偏高1℃；平均降水量为254.4mm，较常年偏高103.4mm，比去年偏少27mm。全省主要草原区在8月中下旬有4次大范围有效降雨，对旱情起到缓解作用，草原植被长势逐渐恢复。8月下旬，全省草原植被在良好的水热条件下达到盛期，与常年相比延迟15日左右。

（三）草原植被枯黄期

9月，全省日平均气温18.7℃，与常年和上年持平，总体热量充足；月平均降水量107.8mm，比常年和去年分别高出50.9mm和54.5mm，明显偏多。充足的水热条件有利于草原植被绿期的保持。到月底迅速降温，草原植被开始枯黄，晚于常年，与上年相当。10月，全省天气以晴好为主，主要草原区植被由北向南逐渐进入枯黄期，到10月中下旬全部枯黄，总体枯黄期较常年有所推迟，和上年相近。

二、草原综合植被盖度

草原植被盖度是指样方内各种草原植物投影覆盖地表面积的百分数。因各地区各类型草原面积不同，统计时需按所占面积权重计算草原综合植被盖度，以定量反映大尺度范围内草原的生态质量状况，直观表现较大区域内草原植被的疏密程度。草原综合植被盖度已被纳入《生态文明建设考核目标体系》，各监测区应高度重视，科学准确观测。

（一）各监测区草原植被盖度

2020年辽宁省9个市17个县的124个样地监测结果表明，各地草原植被盖度均在60%以上（附表1-1）。其中，80%以上的县3个，主要分布于辽宁省南部草原区；70%～80%的县3个，主要分布于辽宁省西部沿海和东部草原区；60%～70%的县11个，主要分布于辽宁省中部、西部和北部草原区。各地区草原植被盖度与所处地理位置相关性大，盖度最低值位于最北部草原区，最高值位于南部草原区，大体上呈现由东向西、由南向北递减趋势。

附表1-1　2020年辽宁省草原监测区植被盖度统计

序号	城市	县（市、区）	草原确权面积（hm²）	县占市草原面积权重	县草原植被盖度（%）	市草原综合植被盖度（%）
1	沈阳市	康平县	6 413	1.00	67.40	67.40
2	鞍山市	岫岩县	12 567	1.00	88.11	88.11
3	本溪市	本溪县	4 133	1.00	80.26	80.26
4	丹东市	宽甸县	18 085	0.48	79.45	78.69
5		凤城市	19 933	0.52	78.00	
6	锦州市	义县	69 533	0.68	61.00	65.94
7		凌海市	33 400	0.32	76.22	
8	阜新市	阜蒙县	144 667	0.65	60.27	62.16
9		彰武县	76 333	0.35	65.73	
10	盘锦市	盘山县	204	1.00	83.35	83.35
11	朝阳市	朝阳县	96 747	0.21	68.97	65.98
12		建平县	76 247	0.17	60.72	
13		喀左县	800 00	0.18	66.00	
14		北票市	120 000	0.27	66.00	
15		凌源市	79 457	0.18	67.35	
16	葫芦岛市	绥中县	18 606	0.20	68.24	66.52
17		建昌县	74 680	0.80	66.09	

（二）全省草原综合植被盖度

通过对9个监测市的草原综合植被盖度加权平均计算，2020年辽宁省草原综合植被盖度为66.05%（附表1-2）。各市草原植被盖度在60%～70%的最多，为5个，但各市差异较大，最低值与最高值相差达22个百分点；低于全省平均值的市有3个，分布于西部和北部草原区，其他市高于均值。

附表1-2　2020年辽宁省草原综合植被盖度统计

序号	城市	草原确权面积（hm²）	面积所占权重	草原综合植被盖度（%）
1	沈阳市	6 413.33	0.006 4	67.40
2	鞍山市	12 566.67	0.012 5	88.11
3	本溪市	4 800.00	0.004 8	80.26
4	丹东市	38 377.33	0.038 1	78.69

序号	城市	草原确权面积（hm²）	面积所占权重	草原综合植被盖度（%）
5	锦州市	127 445.33	0.126 6	65.94
6	阜新市	221 000.00	0.219 5	62.16
7	盘锦市	204.00	0.000 2	83.35
8	朝阳市	463 272.67	0.460 0	65.98
9	葫芦岛市	132 940.00	0.132 0	66.52
	合计	1 007 019.33	1.00	66.05

（三）全省草原综合植被盖度年际动态

辽宁省草原植被盖度受地理位置差异和气候带跨越影响，分布不均、分化严重。而监测区草原植被盖度主要受各年度水热条件影响而发生变化。2015—2019年，辽宁省草原综合植被盖度在61%~68%，平均值为63.97%，总体呈波动上升趋势（附图1-3）。2020年盖度值低于上年1.89个百分点，高于前5年平均值2.26个百分点。

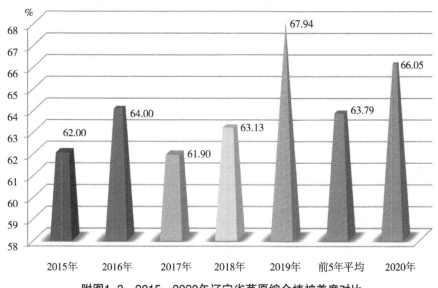

附图1-3　2015—2020年辽宁省草原综合植被盖度对比

草原综合植被盖度动态分析：一是草原植被经受住了严重干旱的考验，全省各监测县盖度值中的最低值并未下降，反而有所提高；二是草原植被恢复能力较强，草原植被盖度值在遭受严重旱情时明显低于往年，而随着降水的增多，迅速提升达到常年水平；三是今年全省草原综合植被盖度略低于上年，但仍高于往年平均值，总体保持平稳，属于年际间正常波动。

四、草原植被高度情况

草原植被高度观测的是样地内草原植物群落盛期平均高度，是衡量草原植被生长、利用和生态水平的重要指标。辽宁省主要草原区实行禁牧，植被高度为草原植物自然生长草层高度。因各地草原面积大小不同，需按所占面积权重计算全省草原植被高度。

（一）各监测区草原植被高度

2020年草原植被生长盛期，全省9市17县124个样地监测结果表明，各地草原植被高度在21～49cm（附表1-3），最低值比上年少8cm，最高值比上年少23cm。其中，今年各监测县草原植被高度平均值没有50cm以上的；40～50cm的县有5个，主要分布于西部草原区；30～40cm的县有5个，主要分布于南部和西部草原区；低于30cm的县有7个，主要分布于东部和北部草原区；高于上年的县有3个，其他14个均低于上年。

附表1-3　2020年辽宁省草原监测区植被高度统计

序号	县（市）	草原确权面积（hm²）	县草原植被平均高度（cm）	与上年对比（cm）
1	康平县	6 413	26.07	−10.23
2	岫岩县	12 567	37.00	7.46
3	本溪县	4 133	35.83	−22.97
4	宽甸县	18 085	26.18	−12.90
5	凤城市	19 933	26.58	−10.75
6	义　县	69 533	26.72	−9.08
7	凌海市	33 400	39.78	−20.37
8	阜蒙县	144 667	22.09	−9.93
9	彰武县	76 333	41.33	5.23
10	盘山县	204	37.50	−17.39
11	朝阳县	96 747	35.10	−20.73
12	建平县	76 247	28.70	−7.36
13	喀左县	80 000	46.27	−4.60
14	北票市	120 000	21.20	−17.26
15	凌源市	79 457	46.34	8.51
16	绥中县	18 606	48.60	0.00
17	建昌县	74 680	49.91	−0.91

（二）全省草原植被平均高度

通过对9个监测市的草原植被高度加权平均计算，全省草原植被平均高度为

34.36cm，低于上年7.63cm（附表1-4）。草原植被高度高于上年的监测市有2个，其他7个低于上年，中部和东部草原区高度低于上年较多。

附表1-4　2020年辽宁省草原植被高度统计表

序号	城市	草原植被平均高度（cm）	与上年对比（cm）
1	沈阳市	26.07	−10.23
2	鞍山市	37.00	7.46
3	本溪市	35.83	−22.97
4	丹东市	26.39	−11.77
5	锦州市	30.96	−12.13
6	阜新市	28.74	−4.70
7	盘锦市	37.50	−17.39
8	朝阳市	34.28	−9.57
9	葫芦岛市	49.65	0.92
	全省	34.36	−7.63

（三）全省草原植被平均高度年际动态

2015—2019年，辽宁省草原植被平均高度在37.37～41.99cm（附图1-4），平均值为40.57cm。2020年植被高度低于前5年平均值6.21cm，为近年来最低值。

草原植被高度动态分析：一是今年草原植被在生长期遭受严重干旱，是高度值大幅低于上年的主要原因；二是相对于草原植被盖度未有大幅下降的情况，草原植被高度下降较多是因为缺水更不利于草原植被长高；三是草原植物高度会受水热条件变化的影响而发生年际间波动。

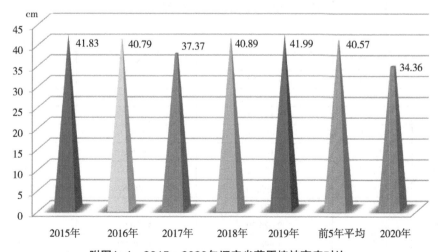

附图1-4　2015—2020年辽宁省草原植被高度对比

五、草原生产力水平分析

草原生产力是指在草原（利用）现实状况下，一定时期内一定面积草原植物形成地上生物量的能力，是草原生态系统第一性生产的能力。通过对天然草原生产力监测调查，统计分析各地草原产草量和草原等级，衡量草原合理载畜量，对比各类草原产量，能够为评价草原生产水平和生态现状提供关键指标信息，并为草原资源合理利用和草原生态保护建设提供重要依据。

（一）辽宁省草原监测区产草量

2020年，全省9市17个县124个样地监测结果表明，各地草原产草量风干重单产在1 100kg/hm²以上（附表1-5），低于上年400kg/hm²。其中，3 000kg/hm²以上的县1个，是全省最低值的3.16倍，主要分布于中部草原区；2 500～3 000kg/hm²的县2个，主要分布于西南部草原区；2 000～2 500kg/hm²的县有6个，主要分布于东北部、西部和南部草原区；1 500～2 000kg/hm²的县有7个，主要分布于东部、中部和西北部草原区，低于1 500kg/hm²的县有1个，主要分布于北部草原区。各监测区产草量风干重和鲜重相比的系数干鲜比在0.31～0.69，平均值为0.49，总体看与各监测区草原植被组成和当年降水情况相关性大，水分含量高则干鲜比低。综合之前多年的干鲜比和当年降水情况，可用于计算当年产草量风干重。

附表1-5　2020年辽宁省草原监测区产草量统计

序号	县（市）	产草量风干重（kg/hm²）	产草量鲜重（kg/hm²）	干鲜比
1	康平县	2 320.00	3 643.33	0.64
2	岫岩县	2 416.67	5 281.11	0.46
3	本溪县	1 925.00	6 283.33	0.31
4	宽甸县	1 716.67	5 008.33	0.34
5	凤城市	1 690.00	3 366.67	0.50
6	义县	2 157.32	4 857.14	0.44
7	凌海市	1 953.78	6 105.56	0.32
8	阜蒙县	1 168.02	1 686.76	0.69
9	彰武县	1 654.22	3 714.00	0.45
10	盘山县	3 695.00	9 391.67	0.39
11	朝阳县	1 921.67	3 553.33	0.54
12	建平县	2 028.29	3 730.51	0.54
13	喀左县	1 948.33	4 696.00	0.41

序号	县（市）	产草量风干重（kg/hm^2）	产草量鲜重（kg/hm^2）	干鲜比
14	北票市	2 063.33	3 842.78	0.54
15	凌源市	2 785.07	4 683.92	0.59
16	绥中县	2 803.50	5 667.50	0.49
17	建昌县	2 293.10	5 103.28	0.45

2020年，全省草原产草量风干重单产为1 975.28kg/hm^2，低于上年425.14kg/hm^2，按已确权草原面积计算，总产草量为202.86万t，低于上年44.7万t（附表1-6）。草原面积大的地区总产草量较高，但各地总产草量普遍低于上年，特别是北部和西部草原区偏低较多。

附表1-6　2020年辽宁省产草量统计

序号	城市	产草量风干重（kg/hm^2）	总产草量（万t）	上年总产草量（万t）	总产草量与上年对比（万t）
1	沈阳市	2 320.00	1.49	1.74	-0.25
2	鞍山市	2 416.67	3.04	2.60	0.44
3	本溪市	1 925.00	0.92	1.66	-0.74
4	丹东市	1 702.69	6.53	11.81	-5.28
5	锦州市	2 091.27	26.65	32.53	-5.88
6	阜新市	1 335.96	29.52	43.99	-14.47
7	盘锦市	3 695.00	0.08	0.08	0.00
8	朝阳市	2 133.55	98.84	111.45	-12.61
9	葫芦岛市	2 394.90	31.84	35.15	-3.31
	全省	1 975.28	202.86	247.57	-44.70

（二）辽宁省草原总产草量多年对比

尽管2020年辽宁省草原总产草量低于上年，但仍高于前5年平均值8.39万t，稳定处于200万t以上，且高于2014—2018年的总产草量，总体保持了上升趋势（附图1-5）。总产草量较上年下降与今年全省主要草原区经历干旱有关，造成了大面积的减产，与草原植被高度值偏低的情况相似。受惠于生长后期植被长势恢复较快，未造成严重影响，也体现出草原植被具有较强的抗旱能力。

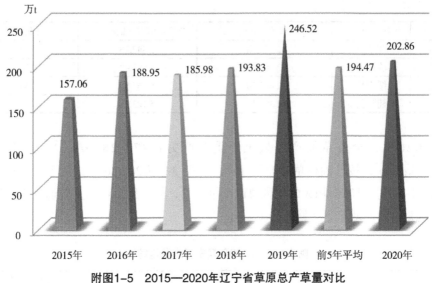

附图1-5　2015—2020年辽宁省草原总产草量对比

（三）全省主要草原区草原级评定

草原级划分依照《天然草原等级评定技术规范》（NY/T 1579—2007）。按国家监测统计要求，可食牧草产量为草原总产量减去有毒有害植物重量，本次草原生产力监测统计时已去除。2020年全省草原平均单产按照规范，处于4级草原水平，低于上年的3级草原水平。各监测市、县集中处于3～4级水平，3级8个、4级7个，且分布于全省各草原区。高于全省平均草原级的市有5个，县有8个，主要分布于西部草原区；持平的县有7个，主要分布于东部和南部草原区；低于全省平均草原级的市县各有1个，主要分布于北部草原区（附表1-7）。

附表1-7　2020年辽宁省主要草原区草原级统计

草原级	划分标准（kg/hm²）	处于该级的市	处于该级的县
1级草原	可食牧草产量≥4 000	—	—
2级草原	3 000≤可食牧草产量＜4 000	盘锦市	盘山县
3级草原	2 000≤可食牧草产量＜3 000	沈阳市、鞍山市、锦州市、朝阳市、葫芦岛市	康平县、岫岩县、义县、建平县、北票市、凌源市、绥中县、建昌县
4级草原	1 500≤可食牧草产量＜2 000	—	本溪县、宽甸县、凤城市、凌海市、彰武县、朝阳县、喀左县
5级草原	1 000≤可食牧草产量＜1 500	阜新市	阜蒙县
6级草原	500≤可食牧草产量＜1 000	—	—
7级草原	250≤可食牧草产量＜500	—	—
8级草原	可食牧草产量＜250	—	—

（四）全省各类草原产草量

辽宁省草原主要有温性草原、温性草甸草原、暖性草丛、暖性灌草丛、低平地草甸和山地草甸等六类，其中温性草原面积最大、总产草量最高，达到118.67万t；暖性灌草丛和温性草甸草原面积较小，总产草量分别为33.59万t和12.63万t；暖性草丛、低平地草甸、山地草甸最少，分别为7.27万t、6.6万t和3.04万t（附表1-8）。

附表1-8 2020年辽宁省草原监测区草原类产量统计

草原类	温性草原	暖性灌草丛	温性草甸草原	暖性草丛	低平地草甸	山地草甸
总产量（万t）	118.67	33.59	12.63	7.27	6.6	3.04

2020年各类草原平均单产，山地草甸和暖性灌草丛较高，分别为2 416.67kg/hm²、2 020.21kg/hm²，然后是温性草原和低平地草甸，分别为1 977.56kg/hm²、1 964.35kg/hm²，暖性草丛和温性草甸草原较少，分别为1 724.48kg/hm²和1 964.35kg/hm²（附图1-6）。

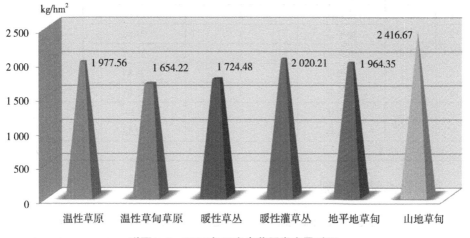

附图1-6 2020年辽宁省草原类产量对照

（五）全省主要草原区载畜能力分析

2020年全省主要草原区从返青期到枯黄期，总体合理载畜量为309.24万个羊单位，比上年少87.43万个羊单位，平均每公顷草原合理载畜量为3个羊单位，比上年少1个羊单位（附表1-9）。各地合理载畜量值高低分布与总产草量相同，高值主要分布于西部和北部等草原面积较大地区。草原单位面积合理载畜量低于上年，主要受产草量下降影响，单位面积载畜量较高地区主要分布于南部草原区。辽宁省主要草原区禁牧，草食家畜养殖也以舍饲和标准化小区养殖为主，合理载畜量统计值主要用于体现各地区载畜能力水平，评价天然草原饲草供给能力，为科学合理利用草原资源提供参考依据。

附表1-9   2020年辽宁省主要草原区草原合理载畜量统计

序号	城市	县（市）	单位面积合理载畜量（羊单位）	县总合理载畜量（万羊单位）	市总合理载畜量（万羊单位）
1	沈阳市	康平县	4	2.39	2.39
2	鞍山市	岫岩县	4	4.89	4.89
3	本溪市	本溪县	3	1.28	1.49
4	丹东市	宽甸县	3	5.00	10.51
5		凤城市	3	5.42	
6	锦州市	义　县	3	24.14	42.89
7		凌海市	3	10.50	
8	阜新市	阜蒙县	2	27.19	47.51
9		彰武县	3	20.32	
10	盘锦市	盘山县	6	0.12	0.12
11	朝阳市	朝阳县	3	29.92	159.04
12		建平县	3	24.88	
13		喀左县	3	25.08	
14		北票市	3	39.84	
15		凌源市	4	35.61	
16	葫芦岛市	绥中县	5	8.39	51.23
17		建昌县	4	27.56	
全省			3		309.24

六、草原定点动态监测

开展草原固定监测工作，能够定期、定点、连续获取某一区域的草原植被、土壤、生态环境及社会经济等基础数据，为指导草业生产、草原生态建设及科研工作提供理论支持。建立国家级草原固定监测点形成草原固定监测网络，是丰富草原监测手段，提升草原监测能力的重要途径。

2013—2018年，辽宁省先后在阜蒙县、北票市、彰武县、建平县等4个国家级半农半牧县和义县、朝阳县、喀左县、凌源市、建昌县等5个省级半农半牧县建成国家级草原固定监测点9个并投入使用。2019年，建设力度继续加大，在康平、岫岩、宽甸等县陆续追建15个监测点。截至目前，共计建成国家标准草原固定监测点25个（彰武县自筹资金建设1个），覆盖全省的草原定点动态监测网络逐步形成。

根据各地监测数据，对辽宁东部山地草甸类和辽宁西部暖性草丛类监测点草原植被的盖度、高度和产草量年内动态变化情况进行分析。

（一）草原植被盖度动态变化

2020年草原固定监测点草原绿期植被盖度随时间变化而增加，在8月底至9月初达到最大值（东西部分别为89%和66%），9月中旬略有下降。辽西部草原植被盖度低于东部地区，且返青期较东部延后（附图1-7）。植被盖度变化与水热条件直接相关。今年，西部草原区受干旱影响，返青期延迟，8月中旬至9月，降水量开始增多，天然牧草长势转好。受降水影响，牧草进入旺盛生长的时间偏晚，大部地区牧草枯黄期晚于去年。

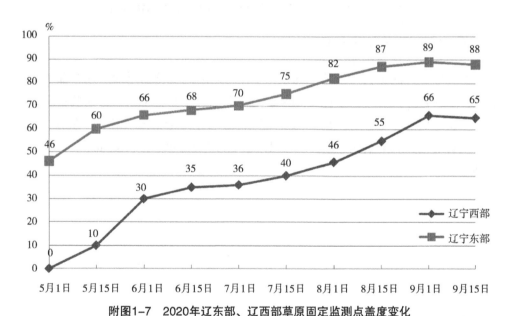

附图1-7　2020年辽东部、辽西部草原固定监测点盖度变化

（二）草原植被高度动态变化

2020年草原固定监测点草原绿期植被高度随时间变化而增加，在9月初达到最高值（分别为46cm和23cm），且8月中下旬的增长速度最快，9月中下旬稍有下降趋势（附图1-8）。东部草原区植被高度变化趋势平缓，西部草原区受旱情影响，在生长季中前期植被高度低于东部地区，2020年8月中下旬旱情缓解，草原植被长势逐渐恢复，植被进入生长旺期，高度超过东部地区。

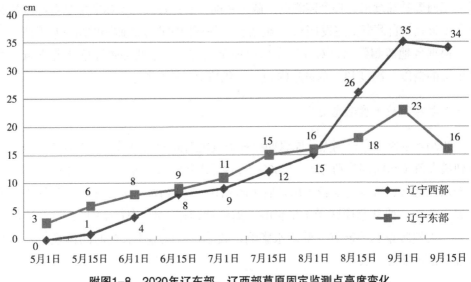

附图1-8   2020年辽东部、辽西部草原固定监测点高度变化

（三）草原植被产草量动态变化

2020年草原固定监测点草原绿期牧草产量随时间变化而增加。辽东部草原区牧草产量在7月的增长速度最快，在8月达到最大值3 020kg/hm²，9月份牧草停止生长，产量开始下降（附图1-9）。辽西部草原区牧草产量受降水影响，在7月、8月的增长速度明显低于东部草原区，产量峰值出现在9月初（1 930kg/hm²），晚于东部地区。

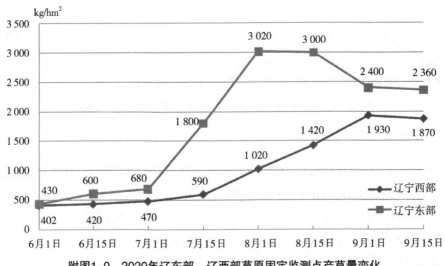

附图1-9   2020年辽东部、辽西部草原固定监测点产草量变化

七、草原生态补奖效果

2020年，国家草原生态保护补助奖励机制政策继续在阜蒙县、彰武县、建平县、喀左县和北票市等5县（市）实施。通过对实施补奖政策地区的草原植被指数监测统计，分析自2012年政策开始落实以来的生态效果。

（一）草原生态补奖地区植被盖度分析

2020年草原生态补奖地区综合植被盖度为65.13%，同比提高1.55个百分点，较2012年提高17.13个百分点，总体呈上升趋势（附图1-10）。

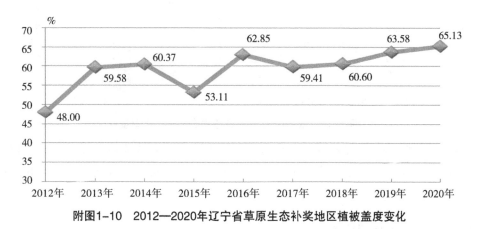

附图1-10   2012—2020年辽宁省草原生态补奖地区植被盖度变化

（二）草原生态补奖地区植被高度分析

2020年草原生态补奖地区植被平均高度为32.93cm，同比下降5.83cm，较2012年提高9.37cm，总体呈上升趋势（附图1-11）。

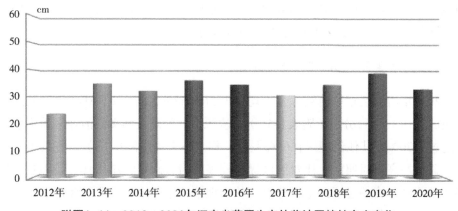

附图1-11   2012—2020年辽宁省草原生态补奖地区植被高度变化

（三）草原生态补奖地区产草量分析

2020年草原生态补奖地区产草量平均为2 022.72kg/hm²，同比提高96.66kg/hm²，较2012年提高704.41kg/hm²，总体呈上升趋势（附图1-12）。

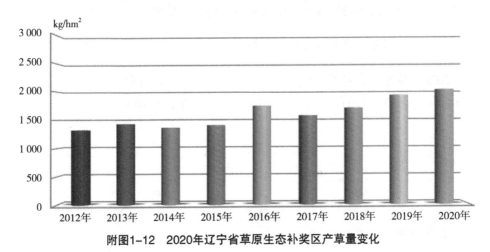

附图1-12　2020年辽宁省草原生态补奖区产草量变化

国家草原生态补奖政策的实施为辽宁省重要草原区持续禁牧提供了政策和资金上的有力支持，从生态成效来看，效果非常明显，对辽宁省其他草原区起到示范引领作用。

八、草原沙化治理成效

辽西北草原沙化治理工程在辽宁省草原保护建设画卷上具有最浓厚的色彩，辽宁草原人无惧酷暑风雨、跋山涉水、久久为功，在辽西北大地上用草原围栏规划出46万hm²重点保护草原，并通过综合治理提高了草原生态水平，近年来体现出明显改善生态环境的效果。随着林草保护建设事业的蓬勃发展，此项工程仍在持续发挥着重要作用，2020年的生态成效统计分析如下。

（一）2020年草原沙化治理区植被盖度分析

2020年治理区草原植被综合平均盖度为69.58%，同比下降0.66个百分点，比对照区高19.73个百分点（附表1-10）。凌源市、朝阳县和义县治理区盖度较高，均超过了70%，其他治理区在65%左右，相差不大（附图1-13）；各县（市）治理区盖度均高于对照区，比对照区提高较多的为彰武县、建昌县、朝阳县、建平县和阜蒙县，均超过了20个百分点。从治理第三年开始，治理区综合平均盖度均高于65%，虽然略有波动，但已基本保持动态稳定（附图1-14）。

附表1-10　2020年辽西北草原沙化治理工程成效监测数据

监测时间: 2020年8月

县(市)	治理面积(万hm²)	盖度(%)			高度(cm)			干草产量(kg/hm²)		
		治理区	对照区	增减(%)	治理区	对照区	增减(cm)	治理区	对照区	增减(kg/hm²)
朝阳县	4.93	78.14	51.43	26.71	41.39	30.94	10.44	2720.43	1894.71	825.71
北票市	6.07	68.12	60.47	7.65	29.29	26.00	3.29	2523.59	1992.00	531.59
建平县	5.60	64.40	38.55	25.85	32.10	17.45	14.65	1942.94	1241.63	701.31
喀左县	4.93	67.00	65.00	2.00	50.00	39.00	11.00	1980.00	1890.00	90.00
凌源市	4.53	81.21	69.18	12.03	33.17	30.21	2.96	2734.92	1954.57	780.35
阜蒙县	6.60	61.97	38.11	23.86	21.46	8.14	13.32	1317.74	435.85	881.89
彰武县	3.67	67.01	30.83	36.18	41.19	12.44	28.75	1729	1188.90	540.10
义　县	4.53	78.11	60.85	17.26	74.84	55.48	19.36	2041.34	1916.35	1631.61
建昌县	4.27	64.07	32.50	31.57	35.36	21.00	14.36	1507.79	662.86	844.93
合计	45.13									
综合平均值		69.58	49.85	19.73	38.58	26.10	12.49	1911.55	1447.30	464.25

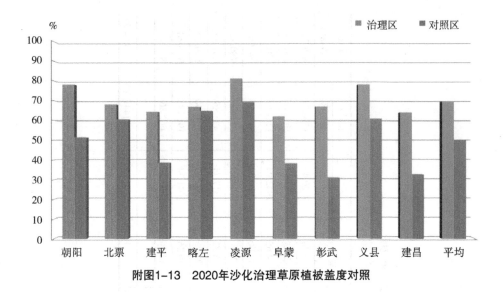

附图1-13　2020年沙化治理草原植被盖度对照

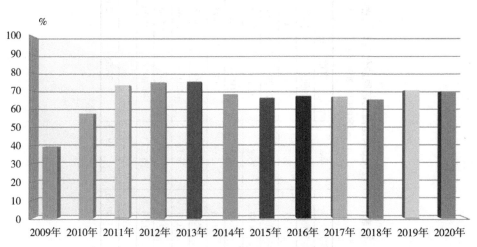

附图1-14　2009—2020年沙化治理工程区草原植被盖度

（二）2020年草原沙化治理区植被高度

2020年治理区草原植被平均高度为38.6cm，同比下降6.8cm，高于对照区12.5cm（附图1-15）。各县（市）治理区高度差异明显，其中义县和喀左县平均高度超过50cm，朝阳县和彰武县在40～50cm，建昌县、凌源市和建平县在30～40cm，北票市和阜蒙县在20～30cm；多数治理区平均高度比对照区提高15cm左右。今年受生长关键期严重旱情影响，植被平均高度低于往年，但治理区高度仍明显高于对照区，体现了工程的重要生态保护作用（附图1-16）。

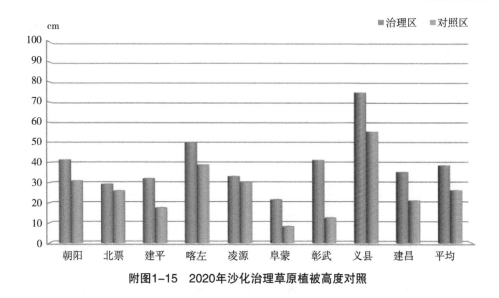

附图1-15　2020年沙化治理草原植被高度对照

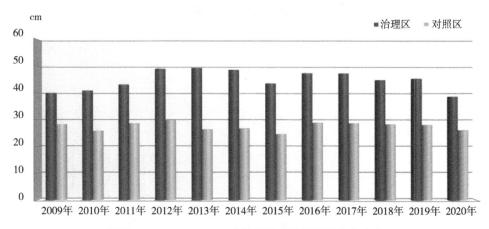

附图1-16　2009—2020年沙化治理草原植被高度对照

（三）2020年草原沙化治理区产草量

　　2020年治理区草原植被平均干草产量为1 911.55kg/hm²，同比下降308.94kg/hm²，高于对照区464.25kg/hm²（附图1-17）。各县（市）治理区干草产量差异较大，其中凌源市和朝阳县较高，超过了2 700kg/hm²，阜蒙县较低，低于1 500kg/hm²，其他治理区处于平均水平；比对照区提高较多的是义县，提高超过1 000kg/hm²；提高较少的是喀左县，仅为90kg/hm²；其他工程县在500～900kg/hm²。今年治理区草原干草产量同样受严重干旱影响低于往年，但仍高于对照区32.8%，草原生产力得到稳定保持（附图1-18）。

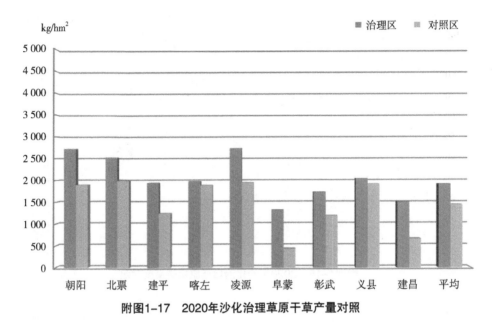

附图1-17 2020年沙化治理草原干草产量对照

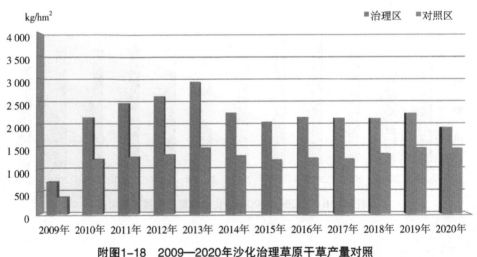

附图1-18 2009—2020年沙化治理草原干草产量对照

九、草原生物灾害防治

辽宁省依据草原法规加强草原鼠害、病虫害和毒害草监测预警、调查以及防治工作，组织研究和推广综合防治技术。按照国家林业和草原局要求，科学开展全省草原生物灾害防控工作，并通过生物灾害防治新技术试验示范，进一步完善草原生物灾害综合防控技术体系。

（一）草原鼠害防治情况

2020年全省草原鼠害危害面积19.33万hm²，较2019年减少22.02%，其中严重危害面积7.25万hm²，完成草原鼠害防治面积7.29万hm²。

1. 发生特点

辽宁省草原害鼠主要有达乌尔黄鼠、东北鼢鼠、草原鼢鼠、长爪沙鼠、田鼠等，其中以达乌尔黄鼠和东北鼢鼠为主。主要分布辽西朝阳、阜新、锦州、葫芦岛等地。受去冬今春气温偏高降水偏多影响，2020年春季草原鼠害中度发生，出蛰期较常年提前5~7天，危害期延长至6月下旬，全省平均有效洞口数为72~105个/hm²，局部达150~175个/hm²。由于今年春季降水偏多，牧草返青情况良好，客观上部分减缓了害鼠危害。

2. 防治情况

按照"统筹规划、突出重点、集中连片、综合治理、注重实效、安全环保、持续控制、无害化管理"的基本方针，全省以持续控制草原鼠害、保护草原生态安全为目标，各级草原管理部门按照"属地管理、分级负责"，继续以C、D型肉毒素、雷公藤甲素、设鹰架、人工及器械捕捉等生物及物理防治措施为主，辅以农作、围封等多种防控措施，全面开展草原鼠害综合防治。2020年，全年共完成草原鼠害防治面积7.29万hm²，其中利用C、D型肉毒素防治草原鼠害4.17万hm²，利用雷公藤甲素开展防治面积2.37万hm²，设置鹰架防控0.47万hm²，器械防治、人工捕捉等物理防治面积0.27万hm²，化学防治0.01万hm²，防治效果均达85%以上。此外，喀左县和凌源市开展草原生态治理示范面积0.4万hm²，防控效果显著。全年累计投入技术人员527人/天，投入劳力7 110人/天，投入防治器械1 740台套，出动车辆1 023辆次，确保了全省草原鼠害防治工作有序开展，全面完成了国家下达辽宁省草原鼠害防治任务和绿色防治任务。

（二）草原虫害防治情况

2020年全省草原虫害危害总面积23.23万hm²，较2019年减少19.56%，其中严重危害面积8.30万hm²，共开展草原虫害治理面积10.06万hm²。

1. 发生特点

辽宁省草原虫害种类较多，主要危害种类有蝗虫、豆芜菁、苜蓿蓟马、蚜虫、春尺蠖等，其中以草原蝗虫危害最为严重。

草原蝗虫发生特点及原因。一是发生期略提前。2020年入春以来受气温偏高（3—5月，全省气温为10.1℃，较常年偏高0.6℃）、降水颇多、土壤墒情适宜等因素影响，致草原蝗虫出土较早，出土时间较常年提前5～7d，但前期发生较轻。二是全省普遍较常年偏重发生，后期蝗虫密度较大，局部地区蝗虫虫态混发严重。6月，全省平均气温为22.5℃，较常年偏高1.1℃且降水稀少，全省平均降水量较常年偏少四成，至7月，全省多地遭遇伏旱，全省平均降水量为66.1mm，较常年偏少六成，其中沈阳北部、锦州大部、阜新东部等地降水量不足20mm。持续高温干旱，蝗虫生长发育条件有利，蝗蝻数量增加迅速且危害严重，虫口密度达40～60头/m²。至8月中旬，辽宁大部遇强降水，降雨频繁，很大程度上抑制了蝗虫的扩散危害。受早期气候多变等因素影响，各虫龄蝗虫（2～5龄蝗蝻及成虫）混发严重，致危害期较长。加之，今年受资金不到位等因素影响，部分地区防治不及时、不到位或防治效果差，将直接导致今年越冬基数增加，2021年防控形势严峻。

2. 防治情况

按照国家林草局要求，全省各级政府和草原业务部门高度重视，全面协调，齐抓共管，积极组织开展监测预报及防治工作。全省坚持"严密监测、抓早防小、综合治理、保障安全"的指导思想和生物防治、化学防治及综合治理相结合的防治原则，立足于环境保护和安全生产，以草原蝗虫防治为主，积极组织绿僵菌、烟碱·苦参碱和阿维·苏云金杆菌等生物农药及高效低毒化学农药防治及农作措施、生态治理等多种防治技术相结合，全面开展草原虫害防治工作，并在兴城市、凤城市和宽甸县（市）未能拨付中央防治资金的地区，开展了草原蝗虫生物防治示范工作，为全面推广草原虫害绿色防控提供技术支撑的同时，补漏防治面缺口。据统计，全省共开展草原虫害治理面积10.06万hm²，防治效果达到85%以上，其中化学防治面积1.25万hm²，生物防治面积8.81万hm²，生防比例达到87.54%。全省实现了草原蝗虫不扩散危害、一般害虫不暴发成灾的防控目标。

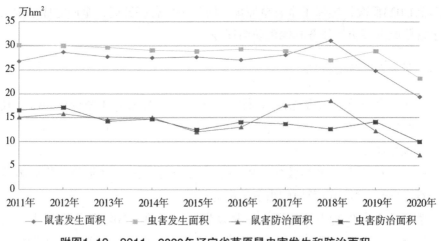

附图1-19　2011—2020年辽宁省草原鼠虫害发生和防治面积

（三）草原病害毒害草害防治情况

辽宁省草原毒害草种类主要有少花蒺藜草、狼毒、蒺藜等，据统计，2020年全省草原毒害草危害面积为15.94万hm²，同比增加50.66%，其中重度危害面积2.78万hm²，中度危害面积6.19万hm²，轻度危害面积6.97万hm²。草原毒害草危害面积的突发剧增的主要原因是首次在建平县部分草原区发现大面积狼毒入侵，危害面积达3.67万hm²，局部密度高达0.5株/m²。

辽宁省草原病害主要以菟丝子、锈病、白粉病、根腐病等为主，发生区域主要为辽西天然草原改良地块。据统计，2020年全省草原病害危害面积为10.84万hm²，主要以菟丝子病害为主。

锦州、阜新、朝阳、葫芦岛等重点草原区利用退化草原生态修复项目和国家退牧还草工程项目开展了草原病毒害草防治，共完成草原菟丝子等病害防治24.13万亩，完成少花蒺藜等毒害草防治27.56万亩。

十、草原生态现状分析

辽宁草原处于暖性向温性草原类过渡、林区向草原区过渡和农区向牧区过渡的农牧交错带，是构建辽宁省生态屏障的重要基础。通过综合草原监测样地基本特征和植被指数，能够初步评价出草原生态状况，为草原保护建设提供理论依据。2020年辽宁省各地草原生态状况如下（附表1-11）。

1. 沈阳市。草原主要在康平县，位于辽宁省北部，降水量偏低，土壤质地多为沙壤土，裸地少，植被指数略高于全省平均值，3级草原水平，优势植物多为良等牧草，生态状况中等。

2. 鞍山市。草原主要在岫岩县，位于辽宁省南部，降水量大，多为壤土，主要是结缕草草地，裸地少、盖度高，植被指数高于全省平均值，生态状况良好。

3. 本溪市。草原主要在本溪县，位于辽宁省中部，降水量大，多为壤土，裸地少，植被指数高，优势植物多为良等牧草，生态状况良好。

4. 丹东市。草原主要在凤城市和宽甸县，位于辽宁省东南部，降水量大，多为壤土，裸地少，植被指数高于全省平均值，优势植物多为良等牧草，生态状况良好。

5. 锦州市。草原主要在凌海市和义县，位于辽宁省中西部，两县草原生态状况差异较大。凌海降水量大，多为壤土，裸地少，植被指数高，优势植物多为良等牧草，生态状况良好；义县降水量偏低，土壤多为砾石质，裸地较多，植被指数略高；优势植物多为中等牧草，生态状况中等。

附表1-11　2020年辽宁省草原生态状况调查评价

序号	城市	县（市）	多数样地土壤质地	平均裸地面积比例（%）	植被盖度（%）	植被高度（cm）	平均单产（kg/hm²）	草原级	样地内优势植物种类	生态状况
1	沈阳市	康平县	沙壤土	5	67.40	26.07	2320.00	3	羊草、黄蒿、狗尾草、马唐、委陵菜	中等
2	鞍山市	岫岩县	壤土	8	88.11	37.00	2416.67	3	结缕草、白头翁、紫地丁、地榆、苔草	良
3	本溪市	本溪县	壤土	5	80.26	35.83	1925.00	4	蒙古蒿、铁杆蒿、夏至草、紫苑、老鹳草	良好
4	丹东市	宽甸县	壤土	11	79.45	26.18	1716.67	4	结缕草、细叶胡枝子、狗尾草、苔草	良好
5	丹东市	凤城市	壤土	5	78.00	26.58	1690.00	4	茵陈蒿、水杨梅、委陵菜、狗尾草、山芝麻	中等
6	锦州市	义县	砾石质	13	61.00	26.72	2157.32	3	白羊草、荆条、胡枝子、铁杆蒿、隐子草	良好
7	锦州市	凌海市	壤土	5	76.22	39.78	1953.78	4	羊草、芦苇、万年蒿、马唐、牛筋草	良好
8	阜蒙市	阜蒙县	砾石质	12	60.27	22.09	1168.02	5	铁杆蒿、猪毛菜、胡枝子、隐子草、狗尾草	中等偏低
9	阜新市	彰武县	沙土	19	65.73	41.33	1654.22	4	冰草、胡枝子、展枝唐松草、拂子茅、艾蒿、硬质早熟禾、羊草	
10	盘锦市	盘山县	壤土	5	83.35	37.50	3695.00	2	芦苇、稗草、夏至草、苜蓿、狗尾草	优
11	朝阳市	朝阳县	砾石质	29	68.97	35.10	1921.67	4	黄背草、荆条、胡枝子、野古草、铁杆蒿	中等
12	朝阳市	建平县	砾石质	17	60.72	28.70	2028.29	3	羊草、大针茅、铁杆蒿、百里香、胡枝子	
13	朝阳市	喀左县	砾石质	25	66.00	46.27	1948.33	4	黄背草、荆条、胡枝子、委陵菜、隐子草	
14	朝阳市	北票市	砾石质	12	66.00	21.20	2063.33	3	野古草、隐子草、胡枝子、荆条、委陵菜	
15	朝阳市	凌源市	砾石质	28	67.35	46.34	2785.07	3	野古草、白羊草、胡枝子、荆条、隐子草	
16	葫芦岛市	绥中县	壤土	10	68.24	48.60	2803.50	3	黄背草、隐子草、长蕊石头花、胡枝子、苔草	良
17	葫芦岛市	建昌县	砾石质	34	66.09	49.91	2293.10	3	野古草、胡枝子、黄背草、荆条、隐子草	中等

6. 阜新市。全市均有草原分布，位于辽宁省北部，降水量较少，多为砾石质或沙土，裸地较多，植被指数低，4级或5级草原水平，优势植物多为良等或中等牧草，今年受旱灾影响较重，生态状况中等偏低。

7. 盘锦市。草原主要在盘山县，位于辽宁省中部，降水量较大，多为壤土，裸地少，植被指数高，2级草原水平，优势植物多为优等或良等牧草，生态状况优。

8. 朝阳市。全市均有草原分布，位于辽宁省西北部，降水量较少，多为砾石质，裸地较多，今年遭受严重干旱，植被指数低，3级或4级草原水平，优势植物多为良等或中等牧草，生态状况中等。

9. 葫芦岛市。草原主要在绥中县和建昌县，位于辽宁省西部。绥中降水量较多，土壤多为壤土，裸地少，优势植物多为良等牧草，生态状况良好；建昌县降水量偏低，多为砾石质，裸地较多，植被指数处于平均水平，3级草原水平，优势植物多为良等或中等牧草，生态状况中等。

综合全省草原植被现状，2020年受严重干旱影响，植被指数有所下降，草原生态状况差于上年，但仍保持在稳定区间之内。在非常不利的气象条件下，草原植被盖度并未明显下降，从而有力地减缓土壤水分蒸发，存留有限降水，发挥了重要的生态屏障作用。

十一、分析与展望

2020年，按照国家林业和草原局部署，辽宁省草原监测评价和生物灾害防控工作在辽宁省林业和草原局的精心安排下，克服新冠病毒疫情困扰，稳步推进，全面完成了各项监测防控任务，为草原保护建设和生态安全提供了决策依据和重要保障。草原监测评价和生物灾害防控都是草原基础性工作，随着行业的变革和技术的发展，也面临着新的机遇和困境，需要辽宁林草人同心协力、奋发有为，推动草原监测防控工作迈上新台阶。

（一）提高认识，协同推进草原监测防控工作

推进草原监测评价和生物灾害防控工作，要深入贯彻落实习近平生态文明思想，坚持创新、协调、绿色、开放、共享的新发展理念，坚持绿水青山就是金山银山理念，为国家生态文明建设实现新进步做出应有的贡献。面向"十四五"和"二○三五"，需要国家林草局和国家林草防治总站大力支持，省级与各地草原管理和技术服务部门共同努力，积极争取财政资金，主动联系科研院所专家，抓住有利条件，克服各种困难，开展好各项草原监测评价工作，为草原管理提供科

学准确数据，加强草原生物灾害防控和预测预警，确保草原生产生态安全。草原监测防控工作由县级负责、省市业务指导，更加需要县级地方政府高度重视，及时划转专项资金，给予配套资金支持；积极引进人才，加强队伍建设；加强草原资源管理，严格保护草原监测防控地块。

（二）克服困难，坚持做好草原监测防控工作

辽宁省草原监测和生物灾害防控工作随着形势的变化，面临着一些困难和问题。一是草原调查长期被弱化。辽宁省20世纪80年代开展过一次全面调查，之后2017年开展了6个国家级半牧县的草地资源清查，全省其他草原区亟须开展全面调查。二是草原监测防控队伍薄弱。受技术骨干人员老化退休、机构改革人员分流和部分地区机构改革未实际到位影响，草原现有工作人员队伍越来越薄弱，急需引进人才充实。三是草原健康状况评价缺档。目前的草原监测指标数据不足以支持对草原生态系统的评价，难以对草原健康状况做出全面科学评估。四是草原生物灾害防控体系不完善。原有草原鼠虫害测报站由于单位搬迁、机构改革、设备落后、人员短缺、运转资金等原因，多数不能正常运转。五是草原监测防控长期监测样地，面临着由于国土三调造成草原地类变化，无法继续开展草原监测和灾害防控工作。全省各级草原管理和服务部门应善于利用现有条件，千方百计克服困难，积极争取各方面的支持，创造条件完成好各项草原监测防控工作任务。

（三）锐意进取，创新发展草原监测防控工作

草原监测评价和生物灾害防控工作任重而道远，需要不断开拓创新发展。在新的发展时期，按照国家十四五规划中"开展生态系统保护成效监测评估""加强自然资源调查评价监测""建立生态产品价值实现机制"和"发展绿色金融"等有关建议，落实全国草原监测培训会议精神。一是开展辽宁省草原资源每5年一次全面调查和每度定点抽样调查，详细掌握草原底数和动态变化；二是建立辽宁省草原生态系统保护成效监测评估模式和指标体系，定期开展实地监测，科学评估草原保护效果和草原生态系统健康状况；三是建立辽宁省草原科学合理利用模式，有效发挥草原生产功能价值；四是建立辽宁省草原保护建设和生物灾害防控生态价值评估模式和指标体系，将生态无形资产转换为价值有形金额，为发展草原绿色金融提供依据。五是因地制宜，大力推广以生物防治、生态控制为主的综合治理技术，积极探索飞机灭蝗、牧鸡治蝗、天敌控制、生态控制等草原生物灾害防控新技术。通过技术体系完善创新，更好地完成草原监测防控任务。

辽宁省草原监测评价和生物灾害防控经多年发展，具有良好的工作基础，在

新时期要学习发扬我国抗击新冠病毒疫病精神，迎难而上、开拓创新，为山水林田湖草综合治理和生态文明建设提供科学准确的草原监测评价数据信息，为草原生产生态安全提供绿色高效的生物灾害防控保障，为实现草原现代化建设发展提供重要支撑。

数据说明：

气象信息依据手机APP"辽宁气象"发布内容。

草原植被返青、生长、枯黄情况参考各地长势调查得出。

样地基本情况和草原植被盖度、高度、产草量按照《全国草原监测技术操作手册》监测方法，结合各地常规监测和草原资源专项调查结果，实地调查统计得出；草原综合植被指数按草原确权面积加权平均计算得出。

草原面积以2020年统计确权草原面积为基数。

理论载畜量依据《天然草地合理载畜量的计算》《中华人民共和国农业部行业标准（NY/T 635—2001）标准计算，一个标准羊单位为一只日耗1.8kg标准干草的成年母绵羊。

动态监测参考各国家级草原固定监测点实地监测数据得出。

草原生态补奖效果监测结果是由补奖地区实地监测数据按补奖草原面积加权平均计算得出。

辽西北沙化治理成效监测结果是由工程区和对照区实地监测数据按治理面积加权平均计算得出。

草原鼠害、虫害、草原病害毒害草发生及防治面积数量均来源于各县全年上报统计。

附录2：

辽宁省草原生态服务功能评估报告

一、辽宁省草原资源概况

辽宁属于北方重要的草原区，根据辽宁省最新统计数据，辽宁省共有天然草原面积102.13万hm^2，主要分布在西部的朝阳市、阜新市、葫芦岛市、锦州市，共91.73万hm^2，约占全省天然草原总面积的89.82%，其中朝阳市的草原面积最大，为45.69万hm^2，占全省草原总面积的44.74%，东部各地市草原面积较小。草原植物种类多样，资源丰富，很多植物具有抗旱、抗寒、耐盐碱等优良抗性性状，可以为农作物育种提供优良的基因资源。丰富的草原资源不仅为畜牧业的发展提供充足的饲料来源，其防风固沙、涵养水源、保持水土等生态效益也不可忽视。

二、辽宁省草原动态变化及驱动力分析

本研究选取2005年和2015年辽宁省土地利用图进行对比，分析辽宁省天然草原的动态变化过程及驱动力。根据属性表的count值可以计算出2005年辽宁省草原面积为93.53万hm^2，2015年草原面积为46.80万hm^2，面积减少了49.96%，通过两期的土地利用图也可以明显看出，辽宁省草原面积逐渐减小，高覆盖度草地、中覆盖度草原均有一定程度的减少，低覆盖度草原增加，草原资源呈现退化趋势。草原的退化主要发生在辽宁西部尤其是朝阳市。

辽宁省毗邻科尔沁沙地，草原"三化"（沙化、退化、盐渍化）严重，草原沙化危及草地牧业的生存和发展。由于气候变化和人类过度放牧、农田开垦等不合理的开发利用造成生态失衡、恶性循环和生产力下降，尽管政府进行了一系列的草原监管投资，但草原"一边治理一边破坏"的现象依旧存在。

近年来辽宁省积极采取手段对草原退化情况进行治理，2006年以来辽宁省在各市相继开展草原确权承包工作；2009—2016年，辽宁省实施辽西北草原沙化生态治理工程，通过牧草补播、围栏封育等措施改良天然草原和退耕还草地块；加强人工草地建设，提高种草养畜效益，保障牧民的经济收入；建立生态补偿和种草补贴机制，完善补贴管理办法，调动牧民种草护草积极性；2017年开展"绿剑行动"，完善法律法规，加大监管力度，严守基本草原红线。

三、辽宁省草原生态系统服务功能综合分析

生态环境与经济社会发展之间是一种对立与统一的关系。在两者之间人们往往更重视经济社会的发展，而忽略生态环境对人类生活质量的影响，导致经济发展与生态环境之间的矛盾加剧。随着人类生活水平的提高和环保意识的加强，人们在追求经济增长的同时，开始重视生态环境的保护和优化，如何协调经济社会增长与生态环境之间的关系成为亟待解决的问题。生态系统服务为人类社会和经济的发展提供了物质基础。从森林、湿地、草原生态系统服务功能的角度出发，分析辽宁省社会、经济和生态环境可持续发展所面临的问题，进而可为管理者提供决策依据。

草原生态系统对于改善当地生态环境，保护生态安全，推进草原生态补偿制度的发展具有重要作用。本研究从涵养水源、保育土壤、净化大气环境、固碳释氧、林木积累营养物质、草原防护、生物多样性保护、草原游憩和提供林木产品等方面对辽宁省草原生态系统的物质量和价值量进行评估，来探索草原生态系统的生态效益时空特征，掌握其生态效益形成与增长的机制。为制订草原生态效益补偿政策、实现生态效益精准提升的重要依据，也为草原生态系统的发展和决策提供依据和保障。

草原通常指以草本植物占优势的植物群落，不仅为人类生产生活提供多种生产资料，而且发挥重要的生态服务功能。本研究从产品提供、生境提供、固碳释氧、涵养水源、废弃物降解、空气质量调节、保育土壤、游憩休闲、营养物质循环、固沙改土等方面对辽宁省草原生态系统的价值量进行评估，为全省草原的保护与治理工作提供科学保障。

辽宁省草原生态系统总价值为165.72亿元，相当于辽宁省2017年全省GDP的0.65%。随着科学技术的进步和商品经济的发展，人类一方面不断利用科学技术充分发挥生态环境中各物质要素的功能，另一方面则通过商品交换的方式，把生态环境中物质要素的使用价值转化为价值，从而实现经济效益。草原生态系统一年创造的价值相当于121万人的年纯收入。草原生态系统在辽宁省生态安全、经济发展、社会和谐方面发挥着重要作用。

辽宁省草原面积和草原生态系统价值量的空间分布上基本一致，朝阳市、阜新市、葫芦岛市草地面积占全省的79.80%，三市草原生态系统服务价值相当于该市GDP的8.98%、8.31%、2.74%。朝阳市位于辽宁西部，南临渤海之滨、北依内蒙古腹地，海陆兼备，属于华北植物区系过度与干旱草原类型的区带。朝阳市相关部门对于草地资源保护和管理不断加强，朝阳市草原资源丰富，草地分布广、面

积大，由于毗邻科尔沁沙地，大面积的草原可以帮助辽宁西部地区固沙改土，减少水土流失。

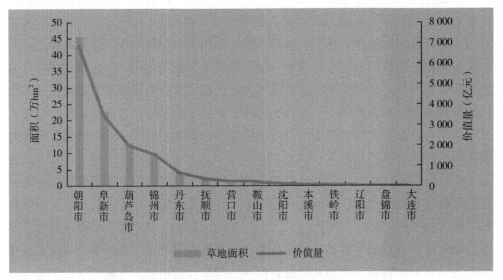

附图2-3 辽宁省草原生态效益价值量及草地面积空间分布格局

四、辽宁省草原生态系统"四库"

1. 草原是天然的水库

草原生态系统不仅具有截留降水功能，而且较空旷裸地具有更高的渗透性和保水能力，对调控径流具有重要意义。据测定，相同气候条件下草原土壤含水量较裸地高出90%以上，2017年辽宁省草原生态系统涵养水源价值量为2.66亿元，相当于全省水利、环境和公共设施投资的59.15%。

辽宁省2017年人均水资源总量425.98m³，低于全国平均水平，属于缺水省份，而全省草地发挥的天然水库功能在改善水资源缺乏问题上具有至关重要的作用。

2. 草原是巨大的碳汇库

草原生态系统调节大气主要表现在吸收大气中的CO_2，同时向大气释放O_2，这对保持大气中CO_2和O_2的动态平衡、维持人类生存的最基本条件起着至关重要的作用。固碳释氧过程中，土壤固定有机质中的碳元素尤为重要。2017年，辽宁省草地生态系统固碳释氧价值量为101.78亿元，相当于沈阳市第二产业产值的4.67%。草地生态系统通过植物固碳、土壤碳累积，有效地缓解全球气候变化。

伴随着新技术和新能源的使用，能效水平不断得到提高，森林、湿地、草地发挥的固碳功能在地区发展低碳经济和推进节能减排中发挥着重要的作用，并且随着碳汇交易的开展，提高全省国民经济的发展，为生态建设提供资金，为全省生态环境的改善做出巨大贡献。

3. 草地是高效的净化污染库

草地生态系统一方面可以滞纳空气中的二氧化硫、粉尘等污染物，另一方面可以降解牲畜粪便，利用其中的N、P、K元素同时起到净化环境的作用。2017年辽宁省草地生态系统净化大气环境和废弃物降解功能价值量为17.74亿元，相当于全省工业污染治理投资的1.46倍。

草地生态系统高效的净化环境功能在地区清洁发展和生态环境建设中发挥着重要的作用。

4. 草地是宝贵的生物基因库

草地生态系统多数分布在降水少、气候干旱、生长季节短暂的区域，这些区域往往不适宜森林的生长，草本植被独特的耐旱、耐寒特性是目前国内外抗逆性基因研究的重点。保护好草地生态系统，不仅为人类提供福祉，还可以为动植物提供生长生存环境，对于维护区域生态平衡、保护珍稀物种具有重要作用。

附录3：

全国草原综合植被盖度监测技术规程

（试行）

1 范围

本规程规定了草原综合植被盖度监测的内容和方法。

本规程适用于全国各级行政区域天然草原综合植被盖度监测。

2 规范性引用文件

下列文件对本文件的应用是必不可少的。凡是注日期的引用文件，仅注日期的版本适用于本文件。凡是不注日期的引用文件，其最新版本（包括所有的修改单）适用于本文件。

NY/T 1233—2006 草原资源与生态监测技术规程

《全国草原监测技术操作手册》（2007年版）

3 术语和定义

下列术语和定义适用于本规程。

3.1 草原综合植被盖度

指某一区域各主要草地类型的植被盖度与其所占面积比重的加权平均值。它主要定量反映大尺度范围内草原的生态质量状况，直观表现较大区域内草原植被的疏密程度。

3.2 植被盖度

样方内各种草原植物投影覆盖地表面积的百分数。

3.3 样方

样地内具有一定面积的用于定性和定量描述植物群落特征的取样点。

4 样地样方设置

4.1 样地设置

4.1.1 基本要求

监测样地设置应以县（旗）为基本单位，原则上县（旗）及以下行政区草原综合植被盖度的测算基础应以草原类型为单位，不以行政区划为单位。草原类型比较单一的县（旗），也可以依据当地乡镇区划并结合草场分布进行样地布设。

4.1.2 设置原则

按NY/T 1233—2006和《全国草原监测技术操作手册》（2007年版）要求执行。

4.1.3 样地数量

在对县（旗）按乡镇或不同类型草原面积划分权重时，县以下可设10个以内的权重区域（每个区域设3~5个样地），同一个权重区域内各样地数据可认为代表性相同，只取算术平均值，以便架构形成一套由点到面，由小行政单元到大行政单元的权重体系。草原面积较大的县（旗），每50万亩至少设置1个监测样地，成片面积大于10万亩的草原，每片至少设置3个监测样地。

4.1.4 样地分布

每个县（旗）样地布局尽量参考当地草地资源调查资料、草地资源图及近期遥感影像等，辅助参考全国1∶100万草地资源图。明确本县（旗）草地类型数量及每个类型设置样地数量后，应在资源图上确定每个样地的大致位置，经过实地探查后，结合代表性强、交通便利等条件后确定样地具体位置。

4.2 样方设置

4.2.1 设置原则

按NY/T 1233—2006和《全国草原监测技术操作手册》（2007年版）要求执行。

4.2.2 样方种类

按《全国草原监测技术操作手册》（2007年版）要求执行。

4.2.3 样方形状

按《全国草原监测技术操作手册》（2007年版）要求执行。

4.2.4 样方数量

按《全国草原监测技术操作手册》（2007年版）要求执行。

5 监测时间和盖度测定

5.1 监测时间

应选取各地草原植被生长盛期开展植被盖度监测，每年监测时间应基本相同，保证监测结果具有较好的可比性。

5.2 盖度测定

样地内设置样方盖度的平均值即为样地盖度。第一次在某样地测定时应同时使用目测法和针刺法，以后监测时可只采用目测法。

6 监测方法

6.1 全国草原综合植被盖度的测算

6.1.1 全国草原综合植被盖度为各省区草原综合植被盖度乘以本省区草原面积权重之和。

6.1.2 各省区草原面积权重为该省区天然草原面积占全国参与计算的各省区天然草原面积之和的比例。

6.1.3 具体公式

$$G=\sum_{k=1}^{n} G_k \cdot I_k$$

式中：G——全国综合植被盖度；

G_k——某省（区、市）的综合植被盖度；

I_k——某省（区、市）综合植被盖度的权重；

k——某省区的序号；

n——参与计算省区的总数：

$$I_k=M_k / M_1+M_2+\cdots+M_n$$

M_k——某省（区、市）的天然草原面积。

（注：M_k根据1995年农业部畜牧兽医局主编《中国草地资源数据》）

6.2 省级行政区草原综合植被盖度的测算

6.2.1 省级行政区域草原综合植被盖度的计算方法与全国草原综合植被盖度的计算方法相同，计算基础是各县级行政区草原综合植被盖度及其权重。

6.2.2 各县级行政区权重为各县级行政区天然草原面积占该省（区、市）参与计算的县（旗）天然草原面积之和的比例。

6.2.3 地市级行政区草原综合植被盖度的测算方法可参照以上方法。

6.3 县级行政区域草原综合植被盖度的测算

6.3.1 县级行政区域草原综合植被盖度的测算方法与省级行政区域草原综合植被盖度的计算方法基本相同，计算基础是该县（旗）内不同类型草原的植被盖度。

6.3.2 权重为各类型天然草原面积占该县（旗）天然草原面积的比例。

6.3.3 各类型草原盖度应是该类型草原所有监测样地植被盖度的算数平均值。

6.3.4 县级以下行政区域草原综合植被盖度的测算方法可参照以上方法。

7 误差控制

7.1 合理确定县级行政单元的权重系数

应按草原面积比重架构县行政单元的权重系数，体现科学性，并相对固定。

7.2 合理设置样地

7.2.1 样地数量

各省区在监测综合植被盖度时，应明确纳入全省区监测体系的县（旗）范围以及各县（旗）的监测样地数量。

7.2.2 样地位置

各行政区域内样地的数量和位置应基本固定。每个样地盖度测量值与该草原类型平均植被盖度的误差不得大于10个百分点，否则该样地不参与计算。

7.3　数据验证

7.3.1　拍照验证

可通过拍摄样地景观照和样方垂直照，来分析比较当年盖度与该样地往年的照片和盖度值，以验证样地植被盖度。

7.3.2　遥感数据验证

可分析多年的监测样地实测值与时相接近的MODIS数据的相关性，判断监测数据的准确率。

附录4:

国家级草原固定监测点监测工作业务手册

为规范国家级草原固定监测点监测工作，统一固定监测点草原地面监测数据、照片采集流程，规范资料管理和数据报送，特编写本工作手册。

一、前期准备

前期准备是做好监测工作的基础，前期准备阶段的主要工作有：

（一）明确责任机构 承担国家级草原固定监测工作的省（区、市）草原监测单位要建立专门的固定监测工作领导小组和责任人，具体负责本省（区、市）固定监测工作的组织和协调。每个监测点所在县（旗）安排一名监测单位领导作为责任人负责管理和业务运行工作，指派2～3名技术人员具体开展固定监测工作业务。

（二）成立技术组 各省（区、市）要根据工作需要，成立由草原等相关专业、有一定理论和实践经验的技术人员参加的技术组，负责本省（区、市）草原固定监测工作的技术指导。

（三）制订工作计划 各省（区、市）根据农业部关于开展国家级草原固定监测的有关要求，结合本省（区、市）工作任务，制订具体工作计划。

（四）开展地面调查工作 各固定监测点所在的县（旗、市）草原监测人员依据农业部《国家级草原固定监测点监测工作业务手册》，结合本省（区、市）工作计划，定期开展地面调查工作。

（五）开展技术培训 为保证国家级草原监测工作顺利完成，省级监测职能部门应组织各固定监测点监测人员进行必要的培训。

二、监测工作内容

在每个固定监测点，监测人员定期对不同观测小区的植物群落特征及生产力、草原利用、生态状况指标、草原灾害等内容进行地面调查、拍照，填写有关规范性表格。具体监测内容、频率和监测方法参照附表4-1。

附表4-1　固定监测点监测内容

监测项目	监测指标	监测频度和时间	主要内容和依据方法
植物群落特征及生产力	物候期观测	4—10月的每月1日和15日	记录返青期和凋落期时间；方法参考全国草原返青期地面观测技术要求
	群落照片	4—10月的每月1日和15日	方法参照下一节内容
	高度	5—9月的每月1日和15日	方法参照《全国草原监测技术操作手册》
	盖度	5—9月的每月1日和15日	
	总产草量	6—9月的每月1日和15日	
	可食产草量	6—9月的每月1日和15日	
辅助区草原利用	利用方式	每月中旬	参照《全国草原监测技术操作手册》，根据每个点实际情况，对辅助监测场进行记录
	利用强度		
生态状况	地表观测	6—9月的每月1日和15日	
	积雪厚度	12—2月的每月15日	测15次，取平均值
	凋落物量	8月15日	记录地表凋落物状况（g/m²）
	土壤水分	5—9月的每月1日和15日	0～20cm土层深度多次测定取平均值，每年利用土钻法校准一次
	土壤质地、机械组成	8月15日	第一年测定本底数据，以后每2年测定一次；对于不具备测定条件的站点，可将样品送到省级科研院所有关实验室进行测定（待测样品在进行化学测定前注意低温保存）
	土壤容重	8月15日	
	土壤含盐量	8月15日	
	土壤pH	8月15日	
	土壤有机质	8月15日	
	土壤全氮含量	8月15日	
	生物多样性（记录植物种数及盖度所占比、重量所占比，计算各自优势度）	8月15日	方法参照GB 19377—2003《天然草地退化、沙化、盐渍化的分级指标》
草原灾害	鼠虫害		根据小区设置情况按相关标准进行监测
其他社会经济指标调查（所在县的草原面积、牧户数、牲畜数、退化草原面积、人均收入等）			每年测定一次，方法参照《全国草原监测技术操作手册》

注：由于天气等原因，监测时间可前后变动2天

三、照片记录方法

获得长时期连续的、清晰的样地景观照片，能够客观反映样地所在的草原生态系统动态变化规律。在国家级草原固定监测点拍摄和保存样地照片过程中，应注意以下事项。

（一）拍摄内容　拍摄的野外监测照片为观测场地的景观照片，取景构图过程中应把观测场地中央的定位拍照标识桩充当参照物，使照片能够清晰反映样地的草原类型、地形、地貌、植被盖度和草群高度等。在不同季节、不同年份拍摄时，应当保证取景构图的一致性，从而让其他监测人员容易辨认。取景时可参考特殊地形或标志性植物（如小灌木）。另外，为清晰记录样地的盖度、群落组成等状况，还应当拍摄样地的俯视照片。

（二）拍摄技巧　在野外拍摄草原景观照片时，应当注意拍摄技巧，注意取景、聚焦、景深和用光等。具体方法参照《全国草原监测培训监测（一）》有关章节内容。

（三）照片编号　在拍摄照片时，照片中应包括打印的照片编号。照片编号应当依据固定监测点编号、小区名称、日期等有关信息，如0032-常规-2011-03-12或0032-常规-2011-03-12F，其中F代表俯视。监测人员在返回办公室后，应当对所拍摄的照片进行归类、整理，并于每年年底刻录到光盘中作一次备份。

四、资料管理

（一）表格填写　在固定监测点监测过程中，监测人员应该认真填写附表4-2～附表4-5的有关内容，有关技术方法可参照《全国草原监测技术操作手册》。对于监测过程中遇到的问题及时向省区固定监测技术组反映，由各省区监测专家协助解决。

（二）工作记录　每个国家级草原固定监测点应配备专用的工作记录本，对每次的监测工作情况进行记录。记录内容包括监测时间、参加人员、监测内容、原始数据、特殊情况备注等。

（三）资料存储　每次野外监测工作结束后，每个监测点负责人应指定专人对样品和资料进行整理，包括样品测定、样品存储、数据输入电脑、上传数据、填写工作记录等。所有电子文档和有关数据应当每月用光盘备份一次。每个国家级草原固定监测点应配备专用资料柜对监测资料进行存储。

五、数据报送

（一）监测数据上报   各县（旗）固定监测点每月月底将地面监测数据全部录入并上报国家级草原固定监测点数据管理系统，通过系统产生数据库，并按系统要求对样地、样方照片进行整理，按时上报数据库和照片。

（二）监测数据汇总   各省区固定监测工作领导小组对本省区内的固定监测点的地面调查数据、照片和有关资料进行整理、审核和汇总，并按农业部要求将有关数据、资料、报告于9月30日前报送农业部草原监理中心。

（三）文字报告   各县（旗）固定监测点每年10月10日前应当就本固定监测点的固定监测工作开展情况、主要监测结果等内容完成本监测点年度报告，并报送省区固定监测工作领导小组。各省区固定监测工作领导小组要在调查的基础上，对本省区各个固定监测点草原监测情况做科学分析和汇总，形成简要文字报告并于每年10月20日前上报农业部草原监理中心。文字报告应包括如下内容。

1. 本省区固定监测点基本情况：地理分布、基本情况、监测点布置情况（刈割监测区、火烧管理区、科研试验区的布置）。

2. 监测工作开展情况：样地数、样方数、照片数量和容量、入户调查数、开展培训次数、参加培训人数、参加工作人数、工作起止时间、野外里程数（估测）、资金使用情况等信息。

3. 草原资源与生态概况：通过固定监测点资料汇总分析本省区草原生产及与上年的比较（估测）、草原生态状况、载畜量、载畜平衡状况等。

4. 协助农业部草原监理中心对各个固定监测点工作情况进行年终考核。

附表4-2　固定监测点基本情况调查

监测点编号：　　　　　　　　　　　　　　　　　　　　　　　　　　　　　　　　　调查人：

年　月　日

样地所在行政区	省（自治区）	县（旗、市）	乡（镇、苏木）	村（嘎查）
行政编码				
经纬度	海拔（m）		建成时间	
草地类型			主观测场地面积（亩）	
			具有灌木和高大草本	
地　貌	平原（　）、山地（　）、丘陵（　）、高原（　）、盆地（　）			
坡　向	阳坡（　）、半阳坡（　）、半阴坡（　）、阴坡（　）			
坡　位	坡顶（　）、坡上部（　）、坡中部（　）、坡下部（　）、坡脚（　）			
土壤质地	砾石质（　）、沙土（　）、壤土（　）、黏土（　）			
水分条件	地表有无季节性积水（有/无）；年平均降雨量　　　　mm			
小区功能说明	常规监测区：　　永久观测区：　　刈割监测区：　　科研试验区：			
辅助区利用方式	全年放牧（　）、冷季放牧（　）、暖季放牧（　）、春秋放牧（　）、打草场（　）、禁牧（　）、其他（　）			
辅助区利用状况	未利用（　）、轻度利用（　）、合理利用（　）、超载（　）、严重超载（　）			
备　注	对以上内容的年际间变化进行必要说明，如试验小区功能及辅助区利用方式的改变等			

注：监测点编号由国家统一制定，小区功能说明依据每个点实际实施情况填写；坡向、坡位在地貌为山地或丘陵时填写

附表4-3 草本、半灌木及矮小灌木草原样方调查

调查日期： 年 月 日　　　　　　　　　　　　　　　　调查人：

监测点编号		小区名称	
小区面积		照片编号	
样方定位	东经： 北纬：	海拔	
植物盖度		草群平均高度（cm）	
植物种数		毒害草种数	
主要植物种名称		主要毒害草名称	

土壤含水量测定	1	2	3	平均

产草量测定		鲜重（g/m²）				风干重（g/m²）			
		1	2	3	平均	1	2	3	平均
	产草量								
	可食产草量								
	产草量折算	总产草量（kg/hm²）				可食产草量（kg/hm²）			
		鲜重		风干重		鲜重		风干重	

地表特征	枯落物情况（有/无）；覆沙情况（有/无）；侵蚀情况（有/无），侵蚀原因（风蚀、水蚀、冻融、超载、其他）；盐碱斑（有/无）；裸地面积比例（　　%）
备注	记录物候期等

附表4-4　具有灌木及高大草本植物草原样方调查

调查日期：　　　年　　月　　日　　　　　　　　　　　　　　　　　　　　　调查人：

监测点编号：

照片编号：

		小区名称		小区编号			经度：　　　　纬度：	
		海拔		样方定位				

100m²样方内草本及矮小灌木调查	1m²草本及矮小灌木小样方	植物种数	主要植物种	平均高度（cm）	可食产草量（g）		平均产草量折算（kg/hm²）		可食产草量（g）		平均可食产草量折算（kg/hm²）	
					鲜重	风干重	鲜重	风干重	鲜重	风干重	鲜重	风干重
	样方1											
	样方2											
	样方3											

100m²样方内灌木及高大草本调查	灌木及高大草本名称	大株丛（cm，g）			中株丛（cm，g）			小株丛（cm，g）			覆盖面积（m²）	产草量折算（kg/hm²）		灌丛高度（cm）
		丛径	鲜重	风干重	丛径	鲜重	风干重	丛径	鲜重	风干重	株丛数	鲜重	风干重	
	合计													

	总产草量	鲜重：　　　　　　（kg/hm²）　　　　风干重：　　　　　（kg/hm²）		
	平均	1	2	3

植被总盖度		枯落物	（kg/hm²）　　　　　（风干重　　）
土壤含水量		地表特征	枯落物情况（有无）；覆沙情况（有无）；侵蚀情况（有无），侵蚀原因（风蚀、水蚀、冻融、超载、其他）；裸地面积比例（　　%）；盐碱斑（有无）；记录物候期等

备注

注：1. 灌木及高大草本植物产草量鲜重，风干重只测可食部分

2. 灌木及高大草本植物覆盖面积（m²）＝Σπ×（丛径/2）²/10 000

3. 灌木及高大草本产草量折算（kg/hm²）＝Σ鲜重（干重）×株丛数/10

4. 总产草量＝草本及灌木及高大矮小灌木覆盖面积×（100−灌木及高大草本产草量折算）/100＋灌木及高大草本产草量折算合计，这个值在输入其他信息输入后软件会自动计算出来

附表4-5　生态状况调查表

调查日期：　　　　年　月　日　　　　　　　　　　　　　　　调查人：

监测点编号		小区名称	
小区面积		照片编号	
样方定位	东经：　　北纬：	海拔	
枯落物重量		土壤质地、机械组成	
土壤容重		土壤含盐量	
土壤PH		土壤有机质	
土壤全氮含量			
主要植物种名称	盖度百分比	重量百分比	
备注			

注：群落组成每年测定一次；土壤理化性质可在第一年测定本底数据，以后每2年测定一次；对于不具备测定条件的站点，可将样品送到省级科研院所有关实验室进行测定（待测样品在进行化学测定前注意低温保存）

附录5：

草原植被长势监测评价方法

（试行）

对草原生长状况和变化情况做出定性定量监测评价，即时掌握草原植被长势，对于合理安排草原生产活动、科学管理草原具有重要作用。农业部草原监理中心在近几年实践经验的基础上，制订了本监测评价的方法。

一、基本定义

草原植被长势，简单来说，就是草原植被的生长状况和发展态势，具体是指草原植被在某一时间点或一定时间段的生长状况和变化态势，以及未来一段时间内的发展趋势。

草原植被长势指数，是用于定量反映和评价草原植被生长状况的指数。该指数无法直接监测获取，需要通过监测获取相关指标间接计算得出。

二、草原植被长势监测

在影响草原植被长势的诸多因素中，根据与长势的密切关系程度，选取草原生产力、盖度、高度作为监测草原植被长势的核心指标。草原生产力、盖度、高度是常规性的草原监测指标，具体监测方法按照《草原资源与生态监测规程》和《全国草原监测技术操作手册》执行。为增强数据的可比性和保证计算方法的科学，草原植被长势监测样地区划设置要尽量均匀，各主要草原类型都要设置监测样地；监测样地要相对固定，样地一旦选定不要轻易变动；监测时间要相对固定，6—8月每月20日（前后不超过3天）赴样地开展监测，获取产草量、盖度、高度等数据，记录草原植被生长的直观状态，拍摄反映草原植被生长情况的照片，每年同一时间重复监测。

三、草原植被长势分析与评价

（一）草原植被长势指数的计算

根据产草量、盖度、高度与草原植被长势的相关密切程度，分别赋予产草量，盖度，高度50%、30%、20%的权重。由于产草量、盖度、高度3个监测指标的计量单位和数量级完全不同，各指标数据不能进行简单加减运算，需要采用比值计算方法来解决这一问题。比值法需要确定对照和基准，把近5年平均或正常年份作为基准期，以基准期监测到的数据作为对照和基准数据。为使长势指数看起来更加直观，采用百分制来计算草原植被长势指数，把基准期的草原长势值定为100。在此前提下，草原植被长势指数计算公式表达如下：

$$G=50 \times Y/Yb+30 \times C/Cb+20 \times H/Hb$$

式中：G为某一时段或某一时间点的草原植被长势指数；

　　　　Y、C、H分别为某一时段或某一时间点草原的产草量、盖度、高度；

　　　　Yb、Cb、Hb分别为基准期的产草量、盖度、高度。

有了某一监测样地在基准期监测得到的产草量、盖度、高度数据，通过当年同一时段在该样地监测获取相应的监测数据，就可以计算出该样地在该时段的草原植被长势指数。

（二）草原植被长势的评价

通过监测和计算出长势指数，就是对草原植被长势做出了定量评价。为便于对长势做出定性评价，需要对长势指数进行分档。按附表5-1对长势指数进行分档，做出好、偏好、正常、偏差、差的5级定性评价。

附表5-1　长势指数

长势指数G	$G<85$	$85 \leq G<95$	$95 \leq G<105$	$105 \leq G<115$	$G \geq 115$
定性判断	差	偏差	正常	偏好	好

四、有关要求

（一）本方法适用于对草原长势的地面监测工作

由于本方法是建立在草原实地设置样地获取样方监测数据基础上而形成的监测评价方法，因此本方法仅适用于对草原长势的地面监测评价工作，不适用于遥感监测方法，但可对遥感监测评价结果进行印证和校正。

（二）要处理好样地和区域尺度水平上的运用关系

本方法是在样地尺度水平上建立起来的监测评价方法，监测评价结果可以直接反映该样地所代表草原的长势情况，但不能准确客观地代表和反映较大区域草原的长势情况。要将该方法推广到区域水平上进行运用，必须对该区域内主要草原类型的长势同时进行监测评价，按各类型草原的面积权重比例赋予相应的长势指数权重，把各类型草原长势指数加权求和，才能计算出区域内草原植被长势指数，进而进行区域尺度水平上的草原植被长势评价。

附表5-2　草原植被长势观测调查

调查单位：　　　　　　　　　　　　　　　　　　　　　　　　　调查人：

调查日期		地点 （省、地、县、 乡、村）			
样地编号		经纬度		海拔（m）	
草原类型		地貌		坡向及坡位	
利用方式及利用状况		土壤墒情		□干旱　□中等　□湿润（打"√"） （如用仪器测定，可填写数值）	
草原植被长势 目测综合评价		□好　　□中　　□差			
植被平均盖度（%）		平均高度（cm）		平均鲜草产量（kg/hm^2）	
定点景观 照片编号		俯视照片编号		平均干草产量（kg/hm^2）	
备注：					

附录6：

草原生态系统服务功能评估规范（DB21/T 3395—2021）

Specifications for assessment of grassland ecosystem services

1. 范围

本规范规定了草原生态系统服务功能评估的定义、评估指标体系、评估公式等。

本规范适用于辽宁省范围内草原生态系统主要生态服务功能评估工作。

2. 引用文件

下列文件对于本文件的应用是必不可少的。凡是注日期的引用文件，仅所注日期的版本适用于本文件。凡是不注日期的引用文件，其最新版本（包括所有的修改单）适用于本文件。

NY/T 1233草原资源与生态监测技术规程

3. 术语与定义

下列术语与定义适用于本文件。

3.1　草原生态系统服务功能grassland ecosystem services

草原生态系统内各要素之间产生物质流和能量流的生态过程中，为人类直接或间接提供有益产品的作用和效能。

草原生态系统各要素包括社会因素、生物因素和非生物因素，草原生态系统为人类社会提供的有益产品包括水源涵养、土壤保育、固碳释氧、营养物质积累、大气环境净化、牲畜粪便降解、生物多样性维持、草原游憩。

3.2　草原生态系统服务功能评估 assessment of grassland ecosystem services

采用草原生态系统长期连续定位观测数据、草原资源清查数据、相关科研项目数据及社会公共数据对草原生态系统服务功能开展的实物量与价值量评价、估量和测算。

3.3　水源涵养 water conservation

草原植被及其形成的枯草层对降水的截留、吸收和贮存，以及减少土壤水分蒸发散失，将地表水转为地下水和减少地表径流的作用。

主要功能表现在增加可利用水资源、净化水质和调节径流3个方面。

3.4　径流系数 runoff coefficient

一定区域和时段内，径流量与降雨量的比值。

3.5   土壤保育 soil conservation

草原植被及其形成的枯草层缓冲、拦蓄降雨和地表径流，降低风力风速，以及草原植被根系和腐殖层固持土壤、促进土壤滋生微生物、改善团粒结构，减少土壤及养分因水蚀、风蚀而产生的流失，减少水库、河流、湖泊泥沙淤积等途径，而对土壤的保护和培育作用。

3.6   侵蚀模数 erosion modulus

在自然力和人为活动等的综合作用下，单位面积和单位时间内被剥蚀并发生位移的土壤侵蚀量。

3.7   固碳释氧 carbon-fixing and oxygen-releasing

草原植物通过光合作用，吸收二氧化碳释放氧气的过程。

3.8   营养物质积累 nutrient accumulation

草原植物通过根系渗透作用、叶片光合作用吸收营养物质和能量并贮存在植物体内各器官的功能。草原植被的积累营养物质功能对清洁地表径流和地下水，降低下游面源污染和水体富营养化的重要作用。

3.9   大气环境净化 air cleaning

草原植被及生态系统对大气污染物二氧化硫等吸收、过滤、阻隔和分解，以及阻滞粉尘等，从而减轻大气污染的功能。

3.10   牲畜粪便降解 livestock dung decomposition

草地生态系统通过自然风化、淋滤以及生物碎裂和微生物分解等综合作用，将散落在该系统中大量的牲畜排泄物进行物理降解和生物降解并吸收消纳降解产物，促进草地生态系统物质循环和能量流动的功能。

3.11   生物多样性维持 grassland biodiversity conservation

草原上所有生物种类、种内遗传变异及其生境的总称，包括所有不同种类的植物、动物、微生物以及其拥有的基因，以及它们与生存环境组成的生态系统。

3.12   草原游憩 grassland recreation

草原生态系统为人类提供休闲和娱乐的场所，使人消除疲劳、愉悦身心、有益健康的功能。

3.13   净初级生产力 net primary production（NPP）

单位时间内草原植物通过光合作用固定的生物量扣除植物自身呼吸作用损耗后，剩余的部分。

3.14   根冠比 root/shoot ratio（R/S）

草原植物地下部分与地上部分生物量的比值。

3.15　负离子释放 negative-ion supply

草原植物光合作用过程产生的光电效应会促使空气电解，产生大量的空气负离子。

3.16　土壤有机碳密度 soil organic carbon density（SOOD）

单位面积草原一定深度的土体中有机碳的储量。

3.17　草原类型 grassland type

在一定的时间、空间范围内，具有相同自然和经济特征的草原单元。

草原类型是对草地中不同生境的植被群落，以及这些群落的不同组合的高度抽象和概括。

4. 数据来源

根据我国草原生态系统研究现状，本规范推荐在草原生态系统服务功能评估中最大限度地使用草原生态监测连续的实测数据和草原专项调查相关数据，以及相关科研项目数据，以保证评估结果的准确性。

本规范所用数据主要有4个来源：

（1）草原主管部门依据《草原资源与生态监测技术规程》（NY/T 1233）开展的草原资源生态监测和草原固定监测点长期定位连续观测研究数据集。

（2）草原资源清查和专项调查数据。

（3）围绕草原生态服务功能评估开展的相关科研项目调查数据。

（4）权威机构公布的社会公共资源数据。

5. 评估指标体系

草原生态系统服务功能评价指标体系包括3个方面8个类别13个评估指标，见附图6-1。

6. 评估方法

草原生态系统服务功能实物量和价值量评估方法见附表6-1。

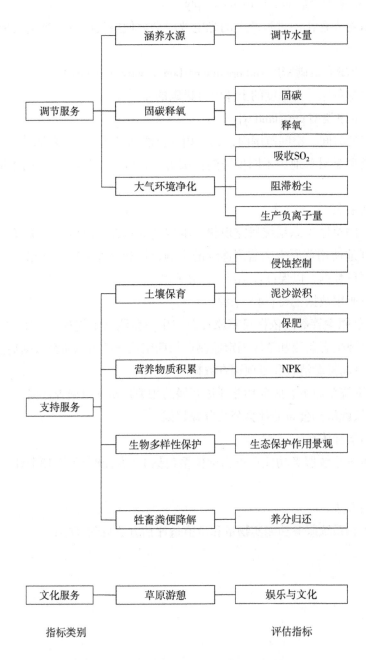

附图6-1　草原生态系统服务功能评估指标体系

附表6-1　草原生态系统服务评估方法

指标类别	评估指标	评估种类	评估模型	参数说明
水源涵养	调节水量	实物量	$G_{wc}=10A（R-E-C）$ $C=R\times\theta$	G_{wc}为草地年水源涵养量（m^3/a）；R为草地年降水量（mm/a）；E为草地年平均蒸散量（mm/a）；C为草地年平均径流量（mm/a）；A为草地类型面积（hm^2）；V_{wc}为草地涵养水源价值（元/a）；β_1为单位体积库容工程费用（元/m^3）；θ为草地的径流系数
		价值量	$V_{wc}=G_{wc}\times\beta_1$	
土壤保育	侵蚀控制	实物量	$G_{sc}=A（M_0-M_1）$	G_{sc}为某类型草原每年减少的土壤侵蚀总量（t/a）；M_0为该草地类型的土壤在无草原覆盖下的侵蚀模数（t/$hm^2\cdot$a）；M_1为该草地类型的土壤在草原覆盖下的侵蚀模数（t/$hm^2\cdot$a）；A为某类型草地的面积（hm^2）
		价值量	$V_1=（G_{sc}/\rho）\times\beta_2$	V_1为草原年减少土地废弃的价值（元/a）；ρ为土壤容重（t/m^3），β_2为挖取单位体积土方费用（元/m^3）
	泥沙淤积	价值量	$V_2=（G_{sc}/\rho）\times r\times\beta_3$	V_2为草原每年减少泥沙淤积的价值（元）；β_3为单位库容的工程费用（元/m^3）；r为土壤侵蚀流失的泥沙淤积于水库、江河和湖泊的百分比（%），一般r=0.24
	保肥	实物量	$G_{oi}=G_{sc}\times C_i$	G_{oi}为草原年保肥量（t/a）；C_i为土壤中N、P、K和有机质含量（%）；i=1（N），2（P），3（K），4（有机质）
		价值量	$V_3=\sum（G_{oi}/r_i）\times\beta_{4i}$	V_3为草原年减少土壤肥力损失的价值（元/a）；β_{4i}为化肥及有机质的价值（元/t）；r_i为化肥和有机质中N、P、K、有机质的含量（14%、15%、50%、100%）；i=1（N），2（P），3（K），4（有机质）
		总价值	$V_{sc}=V_1+V_2+V_3$	V_{sc}为草原生态系统水土保持功能总价值（元/a）
固碳制氧	植被固碳	实物量（地上）	$G_{c1}=0.45\times A\times C_e$	G_{c1}为地上植物固碳量（t）；C_e为地上植物干物质生物量（t/hm^2）；A为草地类面积（hm^2）。0.45=1.63×0.2727，国内外计算草地生态系统植物碳储量通常利用生物量乘以植物碳含量，国际通用指数为0.45的换算方法
		实物量（地下）	$G_{c2}=0.45\times A\times G_e\times R$	G_{c2}为地下植物生物量碳储量（t）；G_e为地上植物生物量；A为草地类面积（hm^2）；R为根冠比
	土壤固碳	实物量	$G_{c3}=A\times S_d/100$	G_{c3}土壤有机碳储量（t）；S_d为土壤有机碳密度（g/m^2）；A为草地类面积（hm^2）

指标类别	评估指标	评估种类	评估模型	参数说明
固碳制氧	植被和土壤固碳	价值量	$G_c=G_{c1}+G_{c2}+G_{c3}$ $V_c=G_c \times \beta_5$	V_c为草地年固碳量价值（元/a）；G_c为草原类总固碳量（t）；β_5为碳税法和成本法价值（元/t）
	释氧	实物量	$G_o=A \times G_e（1+R）\times 1.19$	G_o为释氧量（t）；V_o为释氧价值量（元）；G_e为草地地上生物量（t/hm^2）；A为草地面积（hm^2）；β_6工业制氧法或成本法的影子价格（元/t）；1.19为草地释氧系数。
		价值量	$V_o=G_o \times \beta_6$	
营养物质积累	植被营养积累	实物量	$G_{NPP}=A \times G（1+R）$ $G_{NR}=\sum G_{NPP} \times r_i$	G_{NPP}为草地类净初级生产力（t）；G_e为地上生物量（t）；R为根冠比；A草地类面积（hm^2）；G_{NR}为草原生态系统所含营养元素的总量（t）；V_{NR}为草原生态系统所含营养元素的总价值（元）；r_i为位重量牧草的第i种营养元素含量（i=N，P，K）；β_{7i}相应化肥的平均价格（元/t）
		总价值	$V_{NR}=\sum G_{NR} \cdot \beta_{7i}$	
大气环境净化	吸收SO$_2$	实物量	$G_s=A \times C_s$	G_s为吸收SO$_2$量（t）；G_z为滞尘量（t）；C_s为草地吸收SO$_2$能力（kg/hm$^2 \cdot$a）；C_z为草地滞尘能力（t/hm$^2 \cdot$a）；A为草地类面积（hm^2）；V_s为SO$_2$治理费用（元）；V_z为降尘清理费用（元）；β_8为单位SO$_2$治理费用（元/kg）；β_9为单位降尘清理费用（元/kg）
		价值量	$V_s=C_s \times \beta_8$	
	阻滞粉尘	实物量	$C_z=A \times C_z$	
		价值量	$V_z=G_z \times \beta_8 / 1\ 000$	
	提供负离子	实物量	$G_n=3.024 \times 10^{15} \times Q_n \times A \times H/L$	G_n为草地年提供负离子个数（个/a）；Q_n为草地负离子浓度（个/cm^3）；V_n为草地年提供负离子价值；A为草地面积（hm^2）；H为测试高度（m）；β_{10}为负离子生产费用（元/个）；L为负离子寿命（分钟），辽宁草地植被生长季设定为210天。计算得出辽宁省生产负离子费用为1.25元/10$^{17} \cdot$个
		价值量	$V_n=3.024 \times 10^{15} \times A \times H$ $\times \beta_{10} \times（Q_n-600）/L$	
生物多样性维持	物种保育	指数测算	$H=-\sum_{i=1}^{s}（n_i/N）h（n_i/N）$ $J=H/hS$ $C=\sum_{i=1}^{s} n_i（n_i-1）/N（N-1）$	H为shannon Wiener多样性指数，J为Pielou E均匀度指数，C为Simpson优势度指数，n_i是第i种的个体数，N是所有种个体数的总和，S为种的总数

指标类别	评估指标	评估种类	评估模型	参数说明
生物多样性维持	物种保育	价值量	$V_b = S_b A$	V_b 为生物多样性的价值（元/a），S_b 为单位面积年物种损失的机会成本，其数值以 Shannon Wiener 多样性指数等级来赋予，单位：元/（$hm^2 \cdot a$）；A 为草地面积（hm^2）；本规范依据 Shannon-Weiner 指数等级赋值，当指数<1时，S_b 为3 000元/（$hm^2 \cdot a$）；当 1≤指数<2时，S_b 为5 000元/（$hm^2 \cdot a$）；当2≤指数<3时，S_b 为10 000元/（$hm^2 \cdot a$）；当3≤指数<4时，S_b 为20 000元/（$hm^2 \cdot a$）；当4≤指数<5时，S_b 为30 000元/（$hm^2 \cdot a$）；当5≤指数<6时，S_b 为40 000元/（$hm^2 \cdot a$）；当指数≥6时，S_b 为50 000元/（$hm^2 \cdot a$）。对辽宁不同草地类别赋予相应的 Shannon-Weiner 指数值区间，暖性灌草丛类，指数值区间为（4，5）；低地草甸类，指数值区间为（3，4）；温性草原类，指数值区间为（2，3）
牲畜粪便降解	养分归还	实物量	$G_{WD} = \lambda \times \sum\limits_{i=1}^{2} \sum\limits_{j=1}^{3} W_i \times r_{ij} \times \omega_{ij}$	G_{WD} 为因废牲畜粪便解而归还的营养物质总量（kg/a）；λ 为牲畜粪便归还草地的比率（%）；i、j 分别为评价的牲畜类型（牛、马、羊）和营养物类型（N，P_2O_5）；W_i 分别取草地的牛、马、羊载畜量（头）；r_{ij} 为不同类型牲畜个体粪便量（kg/头）；ω_{ij} 为不同类型牲畜个体粪便中营养元素的平均含量（%）；V_{WD} 草地牲畜粪便降解的总价值（元）；β_{11} 为有机肥的市场售价
		价值量	$V_{WD} = G_{WD} \times \beta_{11}$	
草原游憩	娱乐与文化	价值量	$V_r = T_r \times r$	V_r 为草地游憩收入，T_r 为旅游总收入（元），r 为草地为主题的旅游收入占旅游总收入的比重（%）

附录A

（资料性）

草原生态系统服务功能评估社会公共数据

附表A-1 草原生态系统服务功能评估社会公共数据表（推荐使用价格）

编号	名称	单位	数值	价格	来源及依据
1	水库建设单位库容投资	元/t	6.32	7.47	中华人民共和国审计署，2013年第23号公告：长江三峡工程竣工财务决算草案审计结果，三峡工程动态总投资合计2 485.37亿元；水库正常蓄水位高程175m，总库容393亿m³。贴现至2018年
2	水的净化费用	元/t	0.68	0.72	根据大气降水中主要污染物的浓度经过森林生态系统净化的浓度，结合水污染物当量值和应税水污染物税额得出
3	挖取单位面积土方费用	元/m³	42.00	42.00	根据2002年黄河水利出版社出版《中华人民共和国水利部水利建筑工程预算定额》（上册）中人工挖土方Ⅰ和Ⅱ类土类每100m³需42工时，人工费依据辽宁省《建设工程工程量清单计价规范》取100元/工日
4	磷酸二铵含氮量	%	14.00	14.00	化肥国家标准：磷酸一铵、磷酸二铵（GB 10205—2009）
5	磷酸二铵含磷量	%	15.01	15.01	
6	氯化钾含钾量	%	50.00	50.00	化肥国家标准：氯化钾（GB 6549—2011）
7	磷酸二铵化肥价格	元/t	3 060.00	3 060.00	来源于辽宁省物价局官方网站2018年磷酸二铵、氯化钾化肥年均零售价格
8	氯化钾化肥价格	元/t	2 350.00	2 350.00	
9	有机质价格	元/t	850.00	855.00	有机质价格根据中国供应商网（http://cn.china.cn/）2018年鸡粪有机肥平均价格
10	固碳价格	元/t	855.40	899.91	采用2013年瑞典碳税价格：136美元/t二氧化碳，人民币对美元汇率按照2018年平均汇率6.617计算
11	制造氧气价格	元/t	1 000	1 462.35	采用中华人民共和国国家卫生和计划生育委员会网（http://www.nhfpc.gov.cn/）2007年春季氧气平均价格（1 000元/t），根据价格指数（医药制造业）折算为2013年的现价为1 299.07元/t，再根据贴现率转换为2018年的现价

续表

编号	名称	单位	数值	价格	来源及依据
12	负离子生产费用	元/10^{17}个	1.25	1.56	根据企业生产的适用范围30m^2（房间高3m）、功率为6W、负离子浓度1 000 000个/m^3、使用寿命为10年、价格每个65元的KLD-2000型负离子发生器而推断获得，其中负离子寿命为10min；根据辽宁省物价局官方网站辽宁省电网销售电价，居民生活用电现行价格为0.61元/kW·h
13	二氧化硫治理费用	元/kg	1.26	1.28	结合大气污染物污染当量值和辽宁省应税污染物应税额度计算得到
14	氟化物治理费用	元/kg	1.38	1.42	
15	氮氧化物治理费用	元/kg	1.26	1.41	
16	降尘清理费用	元/kg	0.30	0.33	
17	PM10所造成健康危害经济损失	元/kg	2.03	2.12	结合大气污染物污染当量值中炭黑尘污染当量值和辽宁省应税污染物应税额度计算得到
18	PM2.5所造成健康危害经济损失	元/kg	2.03	2.03	
19	草方格人工铺设价格	元/hm^2·a	4 550	4 550	根据甘肃和内蒙古两地草方格治沙工程工程费用计算得出，其中人工每人每天能够铺设草方格1亩，每公顷草方格所需稻草等材料费2 000元，人工费依据辽宁省《建设工程工程量清单计价规范》取130元/工日计算
20	稻谷价格	元/kg	3.60	3.60	根据辽宁省物价局官方网站2018年稻谷最低收购价格
21	生物多样性保护价值	元/hm^2·a	—5		根据Shannon-Wiener指数计算生物多样性保护价值，采用2008年价格，即Shannon-Wiener指数<1时，S_1为3 000元/hm^2·a；1≤Shannon-Wiener指数<2，S_1为5 000元/hm^2·a；2≤Shannon-Wiener指数<3，S_1为10 000元/hm^2·a；3≤Shannon-Wiener指数<4，S_1为20 000元/hm^2·a；4≤Shannon-Wiener指数<5，S_1为30 000元/hm^2·a；5≤Shannon-Wiener指数<6，S_1为40 000元/hm^2·a；指数≥6时，S_1为50 000元/hm^2·a。通过贴现率贴现至2014年价格

附录B

（规范性）

调查数据汇总表

附表B-1 涵养水源功能评估数据汇总

项目	单位	草地类型					汇总
		温性草原类	暖性灌草丛类	低地草甸类	山地草甸类	栽培草地	
草地类面积	hm^2						
年降水量	mm/a						
草地类年蒸散量	mm/a						
年涵养水源量	m^3/a						
涵养水源总价值	元/a						
单位面积涵养水源价值	元/a						

注：草地分类根据中华人民共和国农业部2016年发布的《草原分类》（NY/T 2997—2016）。草地类面积即为各草原类型面积，下同

附表B-2 保育土壤功能评估数据汇总

项目	单位	草地类型					汇总
		温性草原类	暖性灌草丛类	低地草甸类	山地草甸类	栽培草地	
草地类面积	hm^2						
草地土壤侵蚀模数	t/hm^2·a						
无草地土壤侵蚀模数	t/hm^2·a						
草地土壤容重	t/m^3						
草地土壤含氮量	%						
草地土壤含磷量	%						
草地土壤含钾量	%						
草地土壤有机质含量	%						
草地类年固土量	t/a						
草地类年固土价值	元/a						
草地类年保持氮量	t/a						
草地类年保持磷量	t/a						
草地类年保持钾量	t/a						
草地类年保持有机质量	t/a						
草地类年保肥价值	元/a						
草地类年保育土壤总价值	元/a						

附表B-3 固碳释氧功能评估数据汇总

项目	单位	草地类型					汇总
		温性草原类	暖性灌草丛类	低地草甸类	山地草甸类	栽培草地	
草地类面积	hm²						
草地类净生产力	t/hm²·a						
单位面积草地类土壤年固碳量	t/hm²·a						
植被和土壤年固碳量	t/a						
植被和土壤年固碳价值	元/a						
单位面积草地类年释氧量	t/hm²·a						
草地类年释氧量	t/a						
草地类年释氧价值	元/a						
草地类年固碳释氧总价值	元/a						

附表B-4 积累营养物质功能评估数据汇总

项目	单位	草地类型					汇总
		温性草原类	暖性灌草丛类	低地草甸类	山地草甸类	栽培草地	
草地类面积	hm²						
草地类净生产力	t/hm²·a						
草地含氮量	%						
草地含磷量	%						
草地含钾量	%						
草地类年增加氮量	t/a						
草地类年增加磷量	t/a						
草地类年增加钾量	t/a						
积累营养物质总价值	元/a						

附表B-5 生物多样性保护功能评估数据汇总

项目	单位	草地类型					汇总
		温性草原类	暖性灌草丛类	低地草甸类	山地草甸类	栽培草地	
面积	hm²						
Shannon-Wiener多样性指数							
单位面积物种年保育价值	元/hm²·a						
物种保育年总价值	元/a						

附表B-6 牲畜粪便降解功能评估数据汇总

项目	单位	草地类型					汇总
		温性草原类	暖性灌草丛类	低地草甸类	山地草甸类	栽培草地	
草地类面积	hm²						
牲畜粪便归还草地的比率	%						
草地的牛、马、羊载畜量	头/hm²						
不同类型牲畜个体粪便量	kg/头						
牲畜个体粪便中营养元素的平均含量	%						
有机肥的市场售价	元/t						
草原废弃物降解的总价值	元						

附表B-7 净化大气环境功能评估数据汇总

项目	单位	草地类类型					汇总
		温性草原类	暖性灌草丛类	低地草甸类	山地草甸类	栽培草地	
草地类面积	hm²						
单位面积草地类年吸收二氧化硫量	kg/hm²·a						
单位面积草地类年滞尘量	kg/hm²·a						
草地类年吸收二氧化硫量	kg/a						
草地类年吸收二氧化硫总价值	元/a						
草地类年滞尘量	kg/a						
草地类年滞尘价值	元/a						
提供负离子价值	元/个						
草地类净化大气环境总价值	元/a						

表B-8 草原游憩功能评估数据汇总

项目	单位	1	2	……	n	汇总
草原公园和自然保护区名称						
年旅游总收入	元/a					
草原游憩总价值	元/a					

附录C

（规范性）

草原生态系统服务价值评估汇总表

项目			温性草原类	暖性灌草丛类	低地草甸类	山地草甸类	栽培草地	汇总
草地面积（hm²）								
涵养水源	调节水量	功能（m³/a）						
		价值（元/a）						
保育土壤	固土	功能（t/a）						
		价值（元/a）						
	保肥	保持氮量（t/a）						
		保持磷量（t/a）						
		保持钾量（t/a）						
		保持有机质量（t/a）						
		价值（元/a）						
	价值合计（元/a）							
固碳释氧	固碳	功能（t/a）						
		价值（元/a）						
	释氧	功能（t/a）						
		价值（元/a）						
	价值合计（元/a）							
积累营养物质	草地营养积累	积聚氮量（t/a）						
		积累磷量（t/a）						
		积累钾量（t/a）						
	价值合计（元/a）							
净化大气 环境	吸收污染物价值合计（元/a）	功能（t/a）						
		价值（元/a）						
	滞尘	功能（t/a）						
		价值（元/a）						
	提供负离子	功能（个/a）						
		价值（元/个）						
	价值合计（元/a）							
牲畜粪便降解	功能（kg/a）							
	价值（x/a）							
生物多样性保护	价值（元/a）							
草原游憩	价值（元/a）							
总价值（元/a）								
单位面积价值［元/（hm²·a）］								

图书在版编目（CIP）数据

辽宁草原监测 / 陈曦主编. —沈阳：辽宁科学技术出版社，2022.3
ISBN 978-7-5591-2452-4

Ⅰ. ①辽… Ⅱ. ①陈… Ⅲ. ①草原－监测－辽宁 Ⅳ. ①S812.6

中国版本图书馆CIP数据核字（2022）第039284号

出版发行：辽宁科学技术出版社
　　　　　（地址：沈阳市和平区十一纬路25号　邮编：110003）
印 刷 者：辽宁鼎籍数码科技有限公司
经 销 者：各地新华书店
幅面尺寸：170mm×240mm
印　　张：12.5
字　　数：260千字
出版时间：2022年3月第1版
印刷时间：2022年3月第1次印刷
责任编辑：陈广鹏
封面设计：颖　溢
责任校对：李淑敏

书　　号：ISBN 978-7-5591-2452-4
定　　价：68.00元

联系电话：024-23280036
邮购热线：024-23280036
http:/www.lnkj.com.cn